染出日本的色彩

日本传统染色技艺

[日] 吉冈幸雄　著

范　唯　译

北京出版集团公司

北京美术摄影出版社

图书在版编目（CIP）数据

染出日本的色彩 ：日本传统染色技艺 /（日）吉冈幸雄著 ；范唯译. — 北京 ：北京美术摄影出版社，2019.9
ISBN 978-7-5592-0286-4

Ⅰ. ①染… Ⅱ. ①吉… ②范… Ⅲ. ①植物—染料染色 Ⅳ. ①TS193.62

中国版本图书馆CIP数据核字(2019)第185073号

北京市版权局著作权合同登记号：01-2018-1907

责任编辑：耿苏萌
执行编辑：李　梓
责任印制：彭军芳

染出日本的色彩
日本传统染色技艺

RANCHU RIBEN DE SECAI

［日］吉冈幸雄　著
范　唯　译

出　版　北京出版集团公司
　　　　北京美术摄影出版社
地　址　北京北三环中路6号
邮　编　100120
网　址　www.bph.com.cn
总发行　北京出版集团公司
发　行　京版北美（北京）文化艺术传媒有限公司
经　销　新华书店
印　刷　鸿博昊天科技有限公司
版印次　2019年9月第1版第1次印刷
开　本　889毫米×1194毫米　1/32
印　张　7
字　数　118千字
书　号　ISBN 978-7-5592-0286-4
定　价　58.00元

如有印装质量问题，由本社负责调换
质量监督电话　010-58572393

鹿草木夹缬屏风（复原）
夹缬，指的是将布料夹在刻有花纹的镂空板之间进行染色的技法，宽度57厘米，高度167厘米（参照正文54页起的内容）

四骑狮狩纹锦（复原）
使用了红花、蓼蓝、黄檗、槐花等染料，宽度139厘米，长度250厘米（左下为花纹部分，参照正文45页起的内容）

《伴大纳言绘卷》[1]中的平民衣着
画面左上方牵手逃走的男女身上所穿的衣物为蓝色型染[2]及绞染[3]图案（收藏于东京出光美术馆，参照正文100页、141页）

注释：

[1]《伴大纳言绘卷》是以平安时代的应天门之变为题材绘制而成的长轴画卷，也称“伴大纳言绘词”，被指定为日本国宝，作者常盘光长，现收藏于东京出光美术馆。

[2] 型染是日本传统印染技术，使用型纸手工镂刻花纹图案，再将刻制完成的型版覆于染布上层，之后将布进行染色，最后去掉防潮糊，就形成了漂亮的图案，制作工艺类似于中国的蜡染。

[3] 绞染是日本传统印染技术，由古代中国“绞缬”印染技术发展而来，制作工艺类似于中国的扎染。

植物染色工艺流程

从各种各样的素材中，采用与之相匹配的方法提取色素，进行染色（摄影：小林庸浩）

煮：将茜草根部洗净，用小火慢煮

舂：将紫草的根部用水煮开后舂捣，至全部成为糊状

揉：将红花的花瓣放入蒿草碱水中揉搓，提取色素

绞：放入压榨机中，尽量多地榨取珍贵的色素，此图中为红花

一斤染（聴色）[1]

缥色[2]

麹尘[3]

青钝[4]

二蓝[5]

注释：

[1] 均为日本古代颜色名称，此处为粉色。
[2] 淡青色。
[3] 带有淡黄色的青绿色。
[4] 深蓝色。
[5] 青紫色。

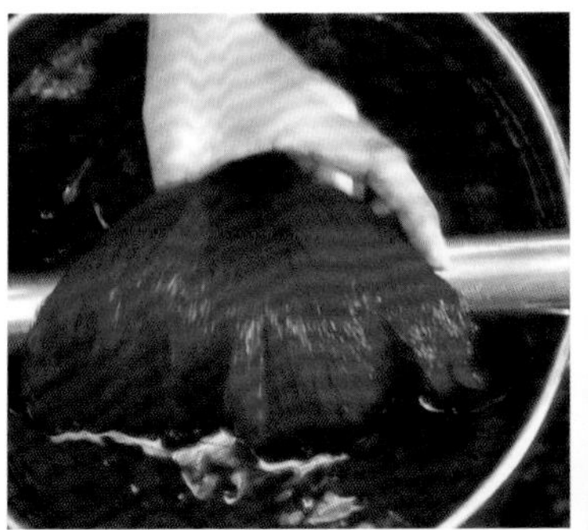

染丝：染上红色的染液

过滤：将类似于芒草的青茅切短，煮30分钟后过滤

缠布：将布放在紫草染液中不断缠裹，之后进行媒染

制作灰汁：点燃椿木，制成木灰，在其中加入热水。用作媒染剂，使紫草、茜草、青茅等植物中的色素沉淀出来

染出的颜色[1]：

深紫

红

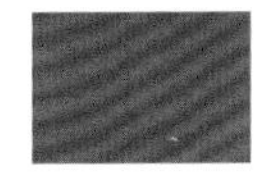

茜

刈安[2]

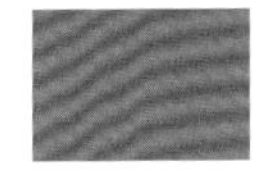

今样色[3]

注释：

[1] 此处为日语古语中的颜色名称。
[2] 刈（yì）安，淡黄色。
[3] 深红梅色。

重现日本的颜色及袭[1]的色调

通过多层衣物的叠穿或表里衣物颜色的搭配，展现四季的变换，每种色调均被赋予了美好的名称。

红梅之袭：表层·红梅色/里层·苏芳色

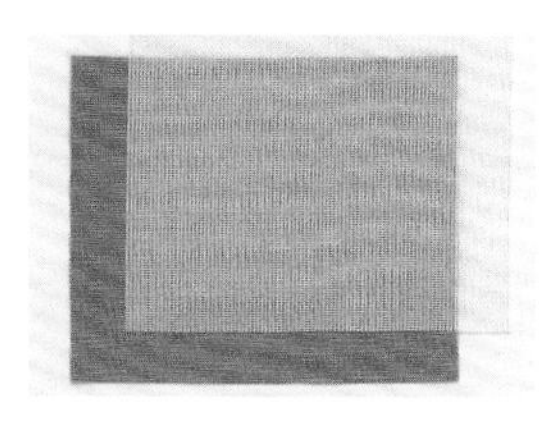

樱之袭：表层·白色/里层·赤花色

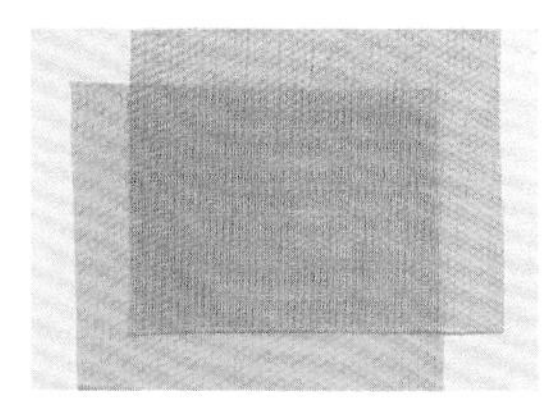

棣棠之袭：表层·淡枯叶色/里层·黄色

梅之袭：早春的颜色。从第二层开始由浅入深的同色组合称为“裾浓”（摄影：藤森武）

柳之袭：表层·白色/里层·萌黄色[2]

藤之袭：表层·薄色[3]/里层·萌黄色

注释：

[1] 袭，日语古语，意为叠穿的套服。
[2] 日语古语色名，意为早春植物刚刚发芽时的颜色。
[3] 日语古语色名，淡紫色。

染出日本的色彩

日本传统染色技艺

前言

我的家族在京都经营着一座传世久远的染坊，染坊最初源于江户时代的文化[1]年间，从之前一起共同经营的染坊分家独立，以“吉冈”为字号开设了新染坊。在那个时代，还没有像现在这样便利的化学染料，只能使用植物的树皮、果实、根部等，通过熬煮提取色素用来染色。如今这种染色法已经十分少见，但在当时的京都堀川街，染坊鳞次栉比，采用的都是这一种染色法。第二代也是如此。

明治二十年（1887年）前后，第三代继承家业时，名为“西洋红粉”的化学染料传入日本，各家染坊争先恐后地引入这一令人称道的、先进的技术。工艺烦琐的植物染色法便理所当然地销声匿迹了。

我的父亲吉冈常雄在第二次世界大战后成了第四代继承人。虽然继承了新式染坊，但相较于经营家业，父亲对于染色法及织法的兴趣更为浓厚。以正仓院宝物中所见的古代染织品的研究为契机，他在大学讲学的同时重新开始着手还原植物染料。

我从学生时代起经常跟随父亲去往国内外调查天然染料及染织品，留下了很多的记忆。父亲去世后，我辞去了出版社编辑工作，回到家中成了第五

注释：

[1] 年号，1804—1830年。

伊吹山的青茅（摄影：小林庸浩）

代继承人。

我认为，既然要继承家业，那么就应该彻底地抛开化学染料，只使用植物染料。我与跟随父亲多年的经验丰富、技艺精湛的染色技师福田传士，共同做了这一决定。我们离开了被称为“纤维行业”的京都染织业，决意去守护一座孤垒，并且要将染坊恢复成先祖时的形制。

我在工作中总是将几个问题放在首要位置去考虑。

首先去推想古时的染色技师们对于什么样的染料施展了什么样的技术。

例如，有一种染料名为“青茅”。这是一种与芒草十分相似的植物，在9月前后采割于滋贺县伊吹山。看着眼前的青茅，我会反复思考，最初的技师们会采用什么样的工艺技法。

此外，也令我想起了之前曾经认真研究过的德川家康所穿的“辻花染”[1]胴服[2]的色彩。除了红花的红色，还有着黄色、绿色等多种色彩，即便过去

注释：

[1] 古代日本的一种扎染技法。
[2] 一种日本传统服饰的名称。

了400多年，色彩仍然鲜艳如新。上面的黄色是不是用青茅染色的呢……

看着眼前堆放在染坊三合土上面的青茅，我陷入了沉思。

编撰于平安时代的《延喜式》[1]中曾经记载了使用青茅染制黄色时所使用的各种材料及方法。继续向前追溯，在东大寺正仓院流传下来的“正仓院文书”中曾有过“近江青茅”的记载，说明在1200多年前人们已经开始使用青茅，并且也是采自伊吹山。此外，正仓院宝物的染织品中留存有数十件据推测是由青茅染出的黄色丝织品。另外，“文书”中也有用青茅为和纸[2]染色的记载。

仅是眼前的青茅就存在着这么多的相关史实。

当今时代，街面上成千上万种的化学·工业色彩泛滥，而从植物的花、果实、根部提取色素，并怀着敬畏的心情基于古法按照工序染色，看上去却似乎成了一件旁门左道的事情。

然而，自从染色技术传入我国以来，从事染色及纺织的工匠们，经过了多少的尝试，付出了多少呕心沥血的努力，最终才从生长于山野之间的植物中提取出了那些美丽的颜色。可以说这是一部与大自然的战斗史。

注释：

[1] 日本平安时代中期的法律实施细则，是当时律令政治的基本法。

[2] 古代中国所发明的纸通过高丽传到了日本后，以日本独特的原料和制作方法生产的具有日本文化特色的纸张。

现在，我与染色技师福田传士共同踏上了复原日本染织历程的道路。在染坊，我们燃烧椿木、樫木，秸秆取灰，从100多米的地下抽取水，采摘山野间天然长成的植物，或是探寻人工栽培的植物，使用与过去相同的材料，沿袭着与过去相同的染色方法。我们或许还没有染出最初时期的颜色。而距离桃山时代，不，是更加久远的天平时代的工匠们的“色彩”，可能就更加遥不可及了。

本书就当是一部喜爱日本传统色彩而去探寻真正美丽的颜色、鼓起勇气追溯昔日光辉时代的一座染坊所记录下来的、有关日本色彩的详细的历史书籍吧。

目录

目录

本书中引用的典籍主要来源于岩波古典文学大系。
图版制作：紫红社

第1章 颜色与染色的发现

制作东大寺修二会中使用的纸制椿花（摄影：永野一晃）

制作照明

东大寺二月堂的修二会（取水节），始于距今1250多年前的天平胜宝四年（752年），迄今为止年年举行，一次都没有中断过。这一堪称奇迹的法事活动，自每年2月20日起为试别火[1]，2月26日起为总别火。别火结束后，自28日深夜起，当年被选作“练行众[2]”的11位和尚与大法师打开二月堂的门进入佛堂。他们一同在佛堂坐下后，四周的烛火熄灭，门也将关上。为练行众做辅助工作的童子用火石打火，火星落于灰上变为红色，生出净火。以此引燃纸木，接着引燃火把，将放置于佛堂内浸了菜籽油的兰草灯芯，以及用野漆树的果实制作的日本木蜡按顺序点燃。以此最终获取佛堂的照明。

这一照明一直持续到3月14日，照亮二月堂的佛堂，同时也照耀着装饰于须弥坛上的纸制椿花及供奉的白饼等，也能让参观者亲眼目睹长达14天的法事活动的过程。而在法事活动结束后，烛火仍旧在接下来的一年的时间里守护着佛堂。

我的染坊参与了为修二会中使用的纸制山茶花染色的工作。因此，我得以每年进堂观礼，感受这一既庄严，同时又带有音乐性质、演剧性质的法事活动。

由于佛堂内只有用净火引燃的灯火及日本木蜡

注释：

[1] 在宗教祭祀活动中为避免污秽冲撞佛神而与日常所用的火种区别开来重新起火的法事活动。
[2] 法事活动的执事者。

的烛光来作照明，因此人们在移动时需要特别留意。但是，过一会儿当人的眼睛适应之后，便会对这些微弱的光亮心生感激。在灯火的映照下，用红花染色的纸制山茶花散发出若隐若现的光芒，令人感觉到那一抹正红色更加充满魅力。

就像这样，每当我观赏这一持续存在了长达1200多年的法事时，便会明白，过去的人们看见万物、感受到色彩而希望用语言加以描述，或者得到某种染色材料而希望通过某种方式加以描述时，便会通过染色的方式表达出来，这时他们的眼里一定是被赋予了某种光芒。可以想象，远古时代的人们，对于太阳、对于火焰，是多么地珍视。

被誉为“发明大王”的美国人托马斯·爱迪生于明治十二年（1879年）发明了碳丝白炽灯泡，可以说使人类对色彩的感观发生了大大的变革。爱迪生在研制灯泡时，用了纸、木棉类、亚麻类等多种具有较高电阻率的材料作为灯丝进行了试验。最终他认为可能竹子是最适合的，因此从世界各地收集竹子，而日本的竹子且是京都西南郊外的八幡市、石清水八幡宫所在的男山出产的真竹，作为最适合用作灯丝的材料被采用了。

灯油或蜡烛点燃的光，有时会被风吹灭，有时又会因为风的吹动而引发无法预料的火灾。

而电灯则与只能照亮狭小空间的、不稳定的微弱光芒不同，可以长时间地、将房间里的每一个角落照耀得无比光明，为人们的生活带来了巨大的改变。

此外，东大寺的修二会，是能够让人们重温古代信仰的有关水与火的法事活动。被选出的11位练行众面对11面观世音菩萨，祈祷天下安泰、风调雨顺、五谷丰登、万民安乐，并为世人的幸福而祈福。在每天傍晚时分，11位练行众在巨大的火把的指引下进入佛堂，聚集在四周的人们看到那些火把后发出欢呼声，感受火光中蕴含着的清净与精神。

制作这些火把的材料，就是由于有着较高的电阻率而获得了爱迪生青睐的真竹。将捆扎成大圆球状的杉叶绑在真竹的一端，点亮的火把燃起熊熊火焰，似乎要把每晚的夜空点燃。真竹能够抵抗热与火，这一点，远古时期的人们已经熟稔于心了。

使用神圣的火

人类开始用火，据说是在距今40万～50万年前的北京猿人时期。在树木茂密的山野中，落雷引发山火，引起火灾。

或者刮起强风时树木的枝叶猛烈摇动、摩擦，因摩擦的热量而产生火花，引燃树木。时至今日在大森林里仍然经常出现这种现象，不过在远古时期，住在森林里的人们在看到这种自然起火的情景时无疑会产生恐惧感。

与此同时，人们看到森林里的自然起火，逐渐学会了自己点火。点火这件事情，在我们当今便利的生活中看上去是一件极其轻而易举的事，但却是由远古时期的原始方法流传下来的，因此，在世界上无论哪一地域，对于人类来说，火通常是神圣的、令人崇敬的。

人们能够自如地用火之后，便将其看作神圣之火、净火，认为它与太阳、月亮等发出的自然光是不同的光明。之后火被用来煮饭、取暖，人们的日常生活无疑得到了进步，在利用火时自然而然地产生了化学变化，人们逐渐明白了火可以孕育出更多的东西。

最终，在新石器时代，人们开始思考利用火焰发出的热量烧制陶器。人们发现，采集黏土，加水和成泥状，捏成人或动物或者生活中使用的容器的形状，再用火烧结，便能得到更加结实的物品。日本绳文陶器的烧制就是由此而来。

对红色的畏惧

人类对于太阳、火，以及体内流动的血液，即代表着生命之源的红色抱有恐惧、敬畏的心理，同时又想将这种颜色装点在自己的身边。

漫步山野时，在绿色的草木间看到盛开的红花，或许会冲动地将之摘下，把花的汁液涂在脸上或者衣服上，但一出汗或者遇水时，很轻易地就被冲刷掉了。那个时候，即使存在染色这一技术，也不过是十分初级的方法，即从土里挖出朱砂、红色氧化物、红铅等的颜料进行涂色而已。

绳文时代，人们先将用油炼制过的朱砂涂在入窑烧制前的陶器上。为了附着在陶器表面，据说也有很多陶器上是涂漆的。福井县三方町鸟滨贝冢出土的彩纹陶器，其富有力度的造型，以及表面的红色与陶器本身颜色形成十分完美的对比，表现出了绳文时代前期的成就以及人们对于红色的强烈的情结。

绳文时代对于红色的运用并不仅仅局限于陶器，也见于陶制配饰及陶俑之上。埼玉县东北原遗址出土的造型诙谐的龟，在其上雕刻的纹路中发现了遗留下来的红色，可以推测当初它是一件整体被涂为红色的、色彩艳丽的配饰。

此外，同样在埼玉县，出土自真福寺贝冢的猫头鹰形陶俑，也是整体被涂成了红色。

涂成红色的陶器，是在那之前人们为了装饰身体而曾将身体直接涂成红色这一现象的佐证。在开始穿衣服之后，便将衣服涂为红色，或者说染成红色，甚至在埋葬死者时将遗骸涂为红色。在出土物中也发现了被制成红色的物品。这一现象在古坟时代也得到了传承，并且，在古坟中配置以红色为主的装饰物，也在之后延续了下来。无疑，红色这一颜色之中包含了人们的畏惧与敬畏之心。可以说，也是生活在大自然之中的人类对于珍贵的、根源性的东西所持有的恭敬之心。

对黑色的认知

在烧制黏土制作陶器的过程中，人类已经认识到陶土色是一种“颜色”了吗？不，应该还没有。然而，据称在绳文时代，人类在大量烧制原始陶器的过程中，逐渐发现了被强烈的烟火灼烧过的地方会留下煤灰，变成黑色。

青森县六之所村表馆遗迹出土的、被认定为绳文时代草创期的“尖底深钵”（青森县埋藏文化财产调查中心），是将黏土做成一定粗细程度的绳状，上下堆积成形，每一条两端相接，线条形成了凸起。

这是多么原始的一个钵。它的上方在烧制的过程中有煤灰附着，变成了黑色。在烧制陶器时，浓烟聚集的地方留下了煤灰，人们意识到这样便能够得到黑色。

人类在竖穴式的洞窟或用动物的皮毛制成的幕帘中生活，通过焚火烧煮食物或取暖的过程之中，煤灰积聚在天井上，收集起来便能获取黑色素，或许人类就是这样发现了黑色。

绳文陶器中，有一个钵上的花纹并非是在烧制时就天然附着在陶器上的，而很明显是采集煤灰特意描绘的花纹。那就是山形县押出遗迹出土的、绳文时代前期的“漆涂彩文钵”（重要文化财产，文化厅）。钵上整体涂有红漆，其上描有黑漆花纹。那时人类已经掌握了从漆树的树干取液，并将红色与黑色的颜料与之结合而形成彩色，之后再烧制成形的技术。

茶色的色材“鞣酸”

采集橡果、栗子、胡桃等的果实，晒干后，如果有人问它们是什么颜色，现代任何一个人应该都会回答是茶色。茶色这一名称来源于作为饮料的茶叶。

然而，绳文时代的人们还未曾喝过“茶”。

镰仓时代，随着茶叶栽培技术传入日本，才终于诞生了“茶色”这一色名。或许可以说，绳文时代的人们，还没有认识到茶色系的颜色。

青森县三内丸山遗址出土的大量遗物中，有一件出土物令我很感兴趣。那是一个纵长13厘米左右的编织袋。可以推测那时人们已经能够将草或树的皮细细切割并通过编织而制成笼子或布。将树的表皮直接切割为宽度为5毫米左右的细丝，编制成斜纹状。颜色并不是彩色，而是十分接近于黑色的焦茶色。树干的表面都覆盖有树皮，呈现出了所谓的茶色，这是因为树皮中含有大量的鞣酸，即单宁酸。

鞣酸的作用是防止细菌进入植物体内，保护植物远离病虫害，树皮一旦受伤，鞣酸就会立刻汇聚至伤处，起到除菌的作用。鞣酸本身的颜色是茶色。

人们为了保存或运输收获的果实，使用树皮编织了笼子，那么笼子表面的颜色就保留了植物本身的“原本色”。有报告说，三内丸山遗迹出土的笼子里装有胡桃。我们知道，除了胡桃外，栗子、橡果等果实，是绳文时代人类的重要食粮。这些果实里面包着种子，是繁衍下一代的源头。

因此，牢固的外壳将种子包裹起来。为了防止细菌入侵，外壳上积聚了大量的鞣酸。外壳里侧则含有淀粉。果实落到地上后，在发芽之前，淀粉会将果实柔软地包覆起来，并且为种子提供养分。

人类观察树木的这种生长规律，是为了自己的生活，以便在秋天时进入森林或树林采摘果实。

将胡桃的假果，即外果皮剥掉，就露出了有着坚硬外壳的浅茶色果实。胡桃的果仁可以生吃，而栗子等坚果则需要经过蒸或煮的过程。因为这些果实中含有大量鞣酸，食用果实中的淀粉时若不除去鞣酸、去除涩味，鞣酸会对舌头形成刺激，使味觉变得迟钝。

有一种最为原始的染色法，叫作摺染[1]。将色泽艳丽的花瓣、碧绿的嫩叶等摘下，如同字面含义一般，将颜色印染到布上。虽说这种染色方法十分原始，但我认为绳文时代的人们并没有很频繁地使用这种染色法。原因在于，当时丝绸还没有传入日

注释：

[1] 摺（zhé）染，传统手工染色方法，将花或树叶等放在布上，用石头或锤子捶打，使颜色印染在布上。

本，前述提到的人们使用从树上剥下的树皮的外皮纤维直接编织的用具，保留了树皮原本的茶色，即使在其上染色，可以推测染色的效果也并不明显。不过，胡桃等果实，在还是青色时就积蓄了大量的鞣酸，摘下后捏一下果实，手上就会沾上含有鞣酸的液体。因此人们发现，如果马上将外皮揉碎，并将液体涂在用具上，就会形成深茶色，这种可能性是很高的。

对于绳文时代的人们来说，所谓茶色系的颜色，在他们的身边过于常见，包括陶器。因此，要判断他们是否有意地将物品染成茶色，是一件困难的事。但是，可以说，他们在丰富的自然环境之下，已经掌握了利用植物中富含鞣酸的液体进行涂色、染色的技术。因此，他们应该已经发现，在编织笼子前，将一根一根的树皮纤维染成深茶色，在编好的笼子上涂上胡桃外皮的汁液（像柿核液一样、黏性很强的树脂状物）的话，笼子不容易散架，而且可以变得更加牢固，同时又具备了防水性，即使淋了雨，也能使用很长时间。

另一种黑色的发现

最终，人类发现，如果将用这种富含大量鞣酸的纤维编织成的用具，或是制成丝状后再用单宁酸染色的物品，放入富含铁质的水中浸泡的话，就会变成黑色。

自然界的土壤中富含各种各样的金属。人类首先从中提取出了铜，制成器皿，也就是所谓的青铜器文化。之后又提取出了铁，将之熔炼制成铁器，随后进入了铁器时代。不过，在铁器时代之前，人们已经开始利用铁质了。

前述提到的作为红色染料的红色氧化物，就是土壤中含有的氧化铁。

另外，含铁较多的土地上如果有积水的话，就会形成沼泽、泥田之类的泛着黑色的泥土。上面有树木倒下、树叶落下的话，过一段时间，树木树皮上的茶色以及枯叶就会变成黑色。这是植物中含有的茶色素，即单宁酸与溶解了铁质的水相遇变为黑色的一种化学反应。

看到这种现象，人类在通过涂抹煤灰或墨获得黑色这一方法之外，发现了另一种通过铁质的反应获取黑色的技法。

将树皮或用树皮编织的笼子、袋子放入这种泥里浸泡，就会变成黑色。这种方法，在现在的冲绳县久米岛、鹿儿岛县奄美大岛，以及东京都八丈岛的织丝染“泥染”技法中也得到了传承。

以奄美大岛为例。首先，用生长于这一地区的车轮梅的树木煮水，以其液染丝。熬煮时，液体会变成带有红色的茶色，过滤后将丝浸泡在滤液中，随着时间的推移茶色逐渐浸入丝中。再将达到一定色度的丝搬运至山里的泥地中浸泡。那里的土是黑色的，以文字“涅”或“皁”记述。

“涅”这一文字，在中国的《说文解字》中的表述是，“存在于黑土泥水中的物体”。这种通过泥土中的铁质染出黑色的染色法，在古代中国也曾使用过，现在，在印度尼西亚及非洲的马里共和国等地仍在使用。

皮革的茶色与黑色

在远古时期，除了树皮外，动物的皮毛也是人类的一种重要的衣物。为防止从猎物身上剥下的生皮腐败，必须经过一段时间的干燥。但是，生皮在含有水分的时候是柔软的，干燥后则会变得像木板一样坚硬。这时，就需要通过“鞣制”使皮软化，让皮子的主要成分胶原蛋白这一蛋白质的分子结合并稳定下来。

自古以来，共有四种“鞣制”方法。

第一种方法，是在鞣酸中浸泡的方法。用来食用的胡桃和橡果需要煮熟，煮后留下了混浊的液体，将干燥后的皮革浸入其中，皮子的颜色染成茶色的同时也会变得柔软。之后再经干燥也不会再变硬。

第二种方法，是长时间地熏烟，在熏的过程中皮子能够逐渐变软。举例而言，搭建帐篷、四处移动的游牧民族，比采用竖穴式居住方式生活的人们，更早地发现了这种方法。

帐篷是将动物的皮革拼接在一起缝制而成的。

煮饭时在帐篷内燃起烟火，帐篷上烟熏到的地方累积了煤灰，变成黑色，同时人们发现皮革慢慢变软了。人们明白了熏烟能够使皮革变软，也自然而然地知道了熏烟能为皮革上色。便将整张皮革一点一点地用烟熏。并且，如果只用松木燃烧时生起的烟熏的话，皮革会变成浅灰色。松木芯材含有大量油脂成分，从古代起就是非常好的照明材料，因此火把也被写作“松明”。人们自然而然地学会了利用松木的烟使兽皮变得柔软，并将其熏成灰色。

此外，除去用松木熏制，燃烧稻秸使烟灰附着在皮革上，也能变成灰色。绳文时代前中期日本尚未开始种植稻子，因此那时燃烧稻秸熏烟鞣制着色的方法并未形成，不过，与之相似的燃烧草木类植物熏制茶色皮革的方法可能已经存在了。用这种方法熏制的皮革物品，在日本古时正仓院宝物中既已留存，在室町时代的盔甲中也已用到。现在，在甲州印传中也能看到。

第三种方法，是将皮革浸入土壤中含有的天然铝，即明矾溶液中脱毛、鞣制，进而漂白的方法。

第四种方法，是从动物的头部取出脑浆涂抹在皮毛上使之变软的方法。

树皮布·编衣与染色

绳文时代的人们到底穿什么呢？除了前述提到的动物毛皮，在北方海边地区，海豹、鲑鱼等大鱼

编衣（摄影：藤森武）

的皮，甚至野兽的大肠等内脏也有可能用作衣物。如同北极圈内的居民所穿的衣物一样。

另外，将树干的表皮剥下，浸入水中使之变软，用石头等工具捶打成为一块布一样的东西，缝合后用作衣物。类似的现象，在南太平洋原住民地区、亚马孙河上游、非洲等地仍然能够看到，被称为树皮布、纤维布。

绳文这一时代，如同其名称一样，人们从树皮或草皮中抽取纤维，编织成绳子。一直以来研究者认为，那个时代距离这种方法应用在人类穿着的衣物上还有很长的一段时间。不过，在近年来的考古中明确发现，一些出土物显示出绳文时代前期的人们已经能够制作钓鱼用的网、席子、蓑衣，甚至被称为“编衣”的高度编织的衣物。

我们知道，在新潟县的深山里直至现在人们仍然制作编衣，相应的工具也流传了下来。约80厘米的长条状木棒，横着架在两个“人”字形木棒之上，就是一座编织台。横置的木棒上，按照经线的间隔距离标有刻度，经线缠绕在木制小纺锤上。将纬线一根一根地放在横棒上，经线交叉，夹住纬线，进行编织。这种方法与草袋、竹帘的编织方法是相同的，不过这种经线之间间隔一根交错编织的方法，这一点可以说稍有进步。这座编织台出土自福井县鸟滨贝冢，被认为是存在于绳文前期的物品。

不过，如同前述，要说那时的人们是否有意识地将这些兽皮、树皮布、编衣染色，我认为他们只是将这些材料的纤维浸入含有铁质的泥水中通过媒染剂染成黑色而已，而并没有达到通过灰色与黑色的色差创作几何式图案的程度。

橡果

这种看上去极为原始的技法，是人类染色技术历史上的第一步，可以说，是人类认识颜色的开端。

织布的起源

在日本，自绳文时代开始，已经开始使用紫藤、小构树等的树皮，以及苎麻、大麻等草本野生植物或种植植物的草皮抽取纤维制丝。从编织这些丝开始，之后将丝放在织机上，通过经线与纬线的交叉编织，进而织布的时代终于来临了。据现有的考古学资料推测，这应该是绳文时代中期之后的事情。

是在开始种植农作物之后才将丝放在织机上开始织布的呢，还是在那之前就已经使用山里野生的苎麻、紫藤、小构树等的树皮制丝了呢？目前来看还没有确凿的资料加以判断。

不过，在绳文时代中期之后，以九州地区为中心，发现了有的陶器上留有布的压痕，其中，据报道，除了草席、渔网、竹篮孔一类的纹路，还有平织样式的纹路。紫藤、小构树、椴树、葛藤之类的树皮纤维，以及大麻、苎麻等几种草皮纤维，应该包括在那些原始纤维的范畴之内。

从绳文时代前期到中期前后的编织的时期里，使用的是包括外皮在内的整片树皮或草皮。与此相对，在中期之后，人们将被称为“黑皮”“鬼皮”的外皮刮去，将白色的内皮撕开制成细丝，再纺绩成为一根长丝。所谓纺绩，指的是将纤维接合在一起成为长丝，再将两根长丝搓捻、连接在一起。要织出一片布，就需要能将经线与纬线放置其上进行编织的织机。在织机上编织时，特别是经线，相隔一根就要上下交叉，如果线的粗细不均匀的话，就会与旁边的线相互摩擦，不能顺利地编织。因此，就有必要仅用内皮竖向撕开制成一根不易断掉的丝线。

苎麻，是荨麻科多年生草本植物，原产地为亚洲热带地区，在很早的时期就已经生长在日本。高度为1~1.5米，在路边经常能看到野生的天然苎麻。绳文时代晚期已经能够人工栽培，在福冈市板村、唐津市苎田等遗迹中发掘出了苎麻的种子。人们将长成的苎麻割下，在水里浸泡一段时间后将皮全部剥下，再次浸泡在水里，之后放在木板上，用刀将外皮（鬼皮）刮去。这样就留下了透明的内皮，带着淡淡的绿色，被称为青苎，薄得好像用刨子削出来的一样。经过干燥后，将这些内皮细细撕开，连接制成丝。用这些丝织出的布，就是现在我们所说的麻布。

构树，是桑科落叶乔木。除日本外，在中国大陆南方及台湾地区也广有分布。

构树长成后高度可达10米。与同属的小构树用途大致相同。中国在汉代发明造纸术后，这些树皮不仅用来制丝，捣碎后也可用作制纸的原料。与苎麻相同，割下后将树芯外面的外皮全部剥下，这部分被称为“荒妙”。

与麻类草本植物不同，构树树皮的处理更为复杂。它的外皮并不是那么容易剥去。将树皮割下后扎成一束，放在炉火上的大锅里加水烧开蒸。之后再放入冷水中，使温度急剧下降，外皮就很容易剥去了。接下来，将剥下的外皮放入树木的灰汁里长时间地煮。碱性液体使纤维变软，更易剥下。用尖锐的刀具将鬼皮剥去，终于得到了被称为“白妙”

的白皮（内皮）。

《日本书纪》中记载了天照大神[1]被粗暴的素盏鸣尊[2]惹怒而躲在天岩屋户不肯出来的情景。

掘天香山之五百个真坂树，而上枝悬八坂琼之五百个御统，中枝悬八咫镜（一云真经津镜），下枝悬青和币（和币，此云尼枳底）、白和币，相与致其祈祷焉。

挖掘来供奉给神的榊树，上面悬挂玉串、大镜子和御币，进行祈祷。御币包括青和币与白和币两种，前者指的是扎成一束的苎麻（青苎），后者指的是构树、小构树的皮（白妙）。

白色的发现

就苎麻而言，在割下后可以不经灰汁蒸煮而直接剥下外皮，不过，在将纤维纺绩成一根长丝之后，还是要在灰汁里进行蒸煮。这是为了去掉杂质，使纤维变白，也就是漂白。如果想要变得更白的话，就放在太阳下经紫外线的照射，这一点在很久之前的时代人们已经认识到了。

现在在冲绳县，纺织芭蕉布的人们会将织好的

注释：

[1] 天照大神，日本古代神话中的三神之一，高天原的统治者、太阳女神。她被奉为日本天皇的始祖，也是神道教最高神。

[2] 素盏鸣尊，日本古代神话中的三神之一，天照大神的弟弟，因性格狂暴多变而惹出种种祸端，被驱逐出高天原。

布带去内海宁静的海岸上，紧贴着海面将布摊开，利用太阳的紫外线以及海面发射的光线进行“海晒”。新潟县越后麻布的产地汤泽地区，在早春时节将布摊开在残雪之上接受日光照射，以“雪晒”而著名。此外，京都府南部的木津川市，自古以来作为麻的产地而广为人知，被称为“奈良晒”“南都晒”。在这一地区，为使布变白，人们将布摊开在茶田里的茶树上、草丛上，以及有着白色沙滩的木津河的河岸上，接受紫外线的照射。流经东京都西部的多摩河流域有一个叫作“调布”的地方，这里也是因在河上晒布而闻名。这里晒的麻布，是在港川地区种植的植物制丝，纺织成布后运送过来的。

人类就是这样首先发现了白色，开始了染色。

不过，在发明了织机，麻类植物及树皮内皮的白色部分被制成丝，纺织成布帛之后，专职的染匠才掌握了真正的摺染技术，以及用颜料将布染成彩色，甚至将染料煮制后再行染色的技法。那时是绳文时代晚期，稻作技术传来，人们开始了真正意义上的栽培植物，这应该是其中的原因所在。

那时可能使用的染料，红色是茜草，黄色是青茅、杨梅、栀子、黄檗，茶色是柿子、矢车草、橡果、栗子等。不过，茜草一类的染料很难将麻类植物纤维染得色彩艳丽，因此，如同后面讲到的一样，那一时期是否使用茜草染色，还存在着许多疑问。

用黄檗、栀子等染色时，可以在熬煮染色材料后提取出色素的溶液中直接染色，而茜草及黄色的青茅、杨梅等则有所不同，需要交替放入明矾或椿木、柃木等的木灰溶液中。这是为了色素附着在布上而使用了有媒介作用的媒染剂。因此，虽然原始性的染色技术，或者说涂染彩色的技术在那一时代已经存在，但真正的染色技术是在之后的时代才诞生的。

丝绸的传来

一直以来的定论认为，稻作农业是从弥生时代开始的，然而近些年的研究发现，绳文时代晚期的陶器中有稻谷的压痕，因此农耕定居生活或许可以追溯到更早的时代。

稻作是由中国直接传来，还是经由朝鲜半岛而传来，这一争论暂且不谈，在中国，首先种植稻米的是长江中游，古时称为楚国的地区。后来稻作技术扩展至长江下游，即现在的江苏省地区。春秋时期，吴国之南的越国以稻作立国。因此，如果说稻作是从朝鲜半岛传入日本的，追根溯源应该是从中国的这一地区传入朝鲜的吧。为什么说这里是稻作的起源呢？那是因为，据说中国发明的养蚕缫丝的技术也是从这里传出来的。

中国的养蚕技术据说可以追溯到商代，不过初期时人们用的应该是自然界中生长的蛾子做的茧。

后来，人们发现以桑叶为食的、蚕蛾科的蚕，最适合人类养殖，因此便开始管理、饲养桑蚕。这就是养蚕的起源。

在日本的养蚕历史上，虽然我们熟知的、印象深刻的丝绸产地是群马县、长野县等山区寒冷地带，但是蚕原本属于亚热带生物，在中国，养蚕也是在长江以南地区进行。

因此，自绳文时代后期至弥生时代，稻作、丝绸，以及后面讲到的染色技术，据推测应该是从古代文明发达的中国中原地区经楚国、吴国、越国等南方地区流传而来的。

中国发明的丝绸，是从一个小小的茧，抽出长达1400米的丝，并且从茧的开头处直至最后，抽出的丝的粗细差可以达到2：1。当然，并不是用一个茧做一根丝，而是用8～10个茧缠在一起抽取成以一根为单位的丝，这样抽出的丝，整体上粗细程度基本均匀。

丝绸之路的诞生

在中国北面或者西域，以养羊或养山羊为生的游牧民族的主要衣料来源，是将从这些动物身上剪下的棉状的毛手工纺织成丝线，当然与平顺细软的绢丝无法相提并论。并且，绢丝是透明的，可以使用植物染料染成黄色、红色、紫色等华美的颜色。用织机将美丽的丝织成锦缎，羊毛文化圈的人们为其倾倒，也是理所当然的事情了。

通过“丝绸之路”促进东西方文明交流的源头，就是丝绸本身所具有的美。丝绸令西方人趋之若鹜，甚至曾经一度可以与黄金等价交换。因此中国的汉民族对丝绸的制作技术更是秘而不宣。然而，或许是由于他们将同属东方的日本、朝鲜半岛看作属国，因此十分轻易地将丝绸制作技术传播到了这些地方。

被推测为日本弥生时代前期末尾的福冈市早良区有田遗迹中出土了平纹丝绸，因此可以认为在那之前，养蚕技术已经传至日本，并已开始制丝、织

第一期	绳文时代晚期，弥生时代前期	养蚕技术传来，及初期染色，茜草、青茅可能已经存在
第二期	弥生时代后期至古坟时代初期	从炉到灶、从原始陶器到须惠器[1]、可能存在较高的染色技术
第三期	秦氏[2]来日	倭五王（5—6世纪）时代，来自中国及朝鲜半岛的技术工匠大量来到日本，开始使用红花、紫草、蓼蓝染色，制作锦织物
第四期	飞鸟时代至白凤时代	真正的染色与织布产业在日本兴盛起来，制定了冠位十二阶[3]，制作了天寿国绣帐
第五期	平城京迁都[4]至大佛开眼[5]	技术由京都向周边及地方传播

注释：

[1] 须惠器，一种素烧粗陶器。
[2] 秦氏，古代中国人在秦末农民起义和楚汉之争中经由朝鲜半岛或直接跨海逃亡至日本，自称为秦始皇的后代，成了日本一个古代的氏族，与东汉氏同为具影响力的氏族。
[3] 冠位十二阶，确立于603年，是日本飞鸟时代确立的一个官位品级制度。
[4] 平城京迁都，710年，日本天皇迁都平城京（今奈良），开始了日本历史上的奈良时代。
[5] 大佛开眼，752年在奈良东大寺举行的大佛开眼供奉仪式。

布。但是，并不能由此认定日本是在丝绸传来之后才出现了真正的植物染色。可以说，有很大的可能性是在绳文时代早期就已经发现了茶色系染料，以及青茅、荩草，或黄檗等黄色系染料，以及利用茜草根染出的类似于红色的染料。

尽管如此，留有这些颜色的出土物至今仍未出现，也没有看到相关的文字记录，因此这些也不过是想象而已。我个人的看法是，包括茜草、黄色的青茅等在内的复杂的染色技法，是在经历了很久远的时间之后才在日本出现的。那个时期并不是突然而至的，而是随着中国及朝鲜半岛的匠人们来到日本而开始的。

栀子

不仅仅是染色技法，还有养蚕，用织机纺织平纹丝绸或织锦、刺绣，以及为织出的布帛染色的绞缬、夹缬、蜡缬等的染色技术，其中大部分都源自中国，日本将其学以致用并发扬光大。

从中国传来的染色技术在日本引起了轩然大波，产生了很大的影响，为日本的产业在日后的各个时代带来了进一步的飞跃，详见上一页我整理的表格。

邪马台国[1]的染色

考察弥生时代后期，即1世纪后半叶至3世纪日本的染织技术及衣着服饰时，只有一本文献《三国志·魏书·倭人传》可做参考：

其风俗不淫，男子皆露紒，以木棉招头。其衣横幅，但结束相连，略无缝。妇人被发屈紒，作衣如单被，穿其中央，贯头衣之。种禾稻、苎麻，蚕桑、缉绩，出细苎、缣绵。

此处就当时的风俗做了一定的概括，男性将头发梳成发髻，文中的“木棉”，指的并不是我们现在日常穿着的木棉，而应看作楮、葛之类的原始纤维、树皮纤维。这并非精工巧作的装饰，而是简单粗陋的束发之物。穿着的衣物横向较宽，大概像编衣一般。女性束发，穿着由一片布制成、从中间开口的贯头衣。

人们种稻，栽培苎麻，植桑，养蚕，用细细的苎麻、蚕丝织布。之后，景初二年（238年）六月，倭女王遣大夫难升米等诣郡，求诣天子朝献，太守刘夏遣吏将送诣京都。

其年十二月，诏书报倭女王曰：“制诏亲魏倭王卑弥呼：带方太守刘夏遣使送汝大夫难升米、次

注释：

[1] 邪马台国，是《三国志·魏书·倭人传》记载的倭女王国名，“邪马台国”被国际权威学术界一致认为是日本国家的起源。

使都市牛利奉汝所献男生口[1]四人，女生口六人、班布二匹二丈，以到。……今以绛地交龙锦五匹、绛地绉粟罽十张、蒨绛五十匹、绀青五十匹，答汝所献贡直。……”

据上文记载，对于我国的朝贡，中国回赠了绛色即红色为底的锦缎以及青红色、蓝色的锦缎等大量的丝绸制品。之后，于正始四年（243年），我国以倭锦、绛青缣、棉衣、帛布等进行了朝贡。

《魏志倭人传》中的染织

有关《三国志·魏书·倭人传》中的记载，对于过去染织史的观点大致认为，“班布”是一种絣织布或者绞染布，类似于从法隆寺传来的太子间道[2]（后述）或正仓院收藏的绞染布，远不及中国制造的锦缎或棉布，是一种较为粗糙的织物，勉强可看作丝绸织物。

另外，关于卑弥呼[3]的朝贡品中的“绛青缣”，从字面意思来看，“绛”解释为用茜草染色的丝，“青”解释为蓝染的丝，似乎比较贴切。不过作为植物染色的从业者，我认为，前者可能是涂有朱砂或红色氧化物颜料的丝，而后者可能是群青之类的颜料。

注释：

[1] 生口，日本古代奴隶制度下对奴隶的称呼。
[2] 太子间道，从法隆寺流传下来的飞鸟时代的一种织物，用染成红、黄、青、绿等颜色的经线织成的絣锦。
[3] 卑弥呼，约159—247年，日本弥生时代邪马台国（今日本九州岛东北部）的女王。

茜草根

之所以有这种看法，是因为真正的蓝色染色技术是在5世纪之后才传入日本的，在那之前，即使存在蓼蓝等含有蓝色色素的植物，也只是类似于从绿叶中取汁涂抹一般相当原始的做法。

野生的茜草在日本广有分布，因此只要从山野里挖出其红色的根，就能够得到足够的原材料。关于染色技法，从植物染色或者草木染色的印象看来，只需简单遵循自然法则便可顺其自然地完成染色工作。虽然如此，但在工艺流程上需要十分熟练，热源、工具等必须相互匹配。专业的知识与经验也必不可少。也就是说，若没有像西方的炼金术或中国的炼丹术一般由经验而来的高度熟练的技术的话，是无法染出色泽艳丽且具有耐久性的织物的。

在此，我将日本自古以来形成的日本茜草染色工艺归纳如下：

①首先将挖出的茜草根晒干，使其干燥；②将干燥后的茜草根放入米醋中浸泡10个小时；③取出茜草根，放入净水中煮二三十分钟，提取色素；④点燃柃木或椿木制取木灰，倒入热水，留取上清液；⑤将木灰上清液加水稀释后倒入水槽中，将丝或布裹好放入其中约15分钟。为使茜草中的色素附

着在布上，要预先将木灰中含有的铝成分附着在布上；⑥接下来，将③中提取出的茜草染液倒入另一个水槽，温度保持在50摄氏度，将丝或布放入其中约15分钟。重复步骤⑤与⑥，染出的颜色浓度逐步加深，可以染出绯色或绛色类的红色，或带有黄色的红色。

如同上述流程中所见，使用椿木或柃木的木灰，预先将溶解在水中的金属（金属盐）附着在丝或布上，再进行染色。这里也可以使用明矾等天然铝成分。

在现代，通过化学分析，我们能够知道椿木或柃木等山茶科植物燃烧后的木灰中含有铝的成分。不过，这种成分对于茜草或青茅之类的黄色染料以及后述提到的紫根（紫草的根）等植物染料具有显色的功能，过去是谁、在什么时候发现的呢？茜草染液在温度保持在50摄氏度左右的条件下显色效果最好。也就是说，如果没有大型的炉灶，以及耐高温、储水量大的水缸，是无法染出美丽的茜色的。我实际操作过这样的染色工艺之后认为，染色与烹制食物的历史之间有着很大的关联性。即，在使用地炉烹制食物的阶段，真正的染色技术是无法施展的，搭起炉灶后在宽敞的厨房里，才能完成真正的染色工艺。

“煮饭”的技术

4世纪末期至5世纪初，朝鲜半岛爆发了大规模的战乱。大多数的人们为了躲避战火，成群结队地渡海来到日本列岛。据说其中有些人掌握的知识能够提高农业或工艺性行业的生产效率，他们为显示出安定发展势头的倭国王权奉献出了他们的能力。

其中之一就是烧制陶器。他们为当时日本已经存在的土陶器带来了更高级的技术，使其器形及釉质更加多样化。之后又带来了须惠器，即使用辘轳将硬质土陶器加工成形再放入穴窑中高温烧制的技术。可以烧制质地细腻、牢固，能够长时间储存液体的陶器，以及上面可放大锅、下面可以点燃柴火高温烹制食物的炉灶。这些技术使竖穴式住所内可以设置炉灶，配置容量较大的壶及带有把手的锅，形成了所谓的厨房的雏形。在那之前，人们是在房间的中央位置设置地炉，家人聚集在一起一边“烧”或“煮”，一边吃饭。

但是火力较弱，也就是所谓的小火，适合“慢煮食物”，却称不上是“煮饭”的阶段。

这种情况在4世纪后期迁居日本的人们带来制作炉灶的技术后得到了改善，“煮沸”一词才算真正地实现了，也就是说可以“煮饭”了。现代人的饭、菜的形式，就是在这一时期，即弥生时代晚期至古坟时代初期确定下来的。

从染色的角度来看，正是因为有了这种“煮

饭”的技术，才能熬煮茜草的根、青茅的枝叶，才能在一天之内将加入足量原料的液体至少在3～4个小时的时间内保持在50摄氏度左右，由此才形成了真正的植物染色技术。

铁器与黑色染色

烧制陶器、木工建筑，以及冶金技术等在文明之地的发展，大体上都是在同一时期优秀的工匠们在各自的地区聚集形成并扎根、发展起来的。

经历了青铜器时代，铁器时代逐渐来临，但在当时的日本，铁原料尚未被发现，还处在对朝鲜半岛的依赖之中。建立于5世纪的倭国王权加强了与来到日本的伽倻[1]人之间的关联，这也被认为是倭国立朝的一个重要原因。从染色技术史来看，前文提到的茜草染色时是通过木灰中的铝成分显色，虽然只用了微量的金属，但却是必不可少的程序，从这一点来看是需要有一定的化学知识的。

如同前述，在原始时代，染黑色时有很大的可能性是使用土壤中含有的铁成分，不过在大和盆地、河内平原附近的染匠聚集地，一般来说恐怕是不可能发现像奄美大岛、八丈岛那样的含有铁成分的土壤的。取而代之的是，将铁质放入木醋或者腐

注释：

[1] 伽倻，3—5世纪朝鲜半岛洛东江流域的一个政权。

坏的米粥、米醋中浸泡溶解，制作出所谓的黑齿[1]铁液，用这种液体染制黑色。

《日本书纪》第二十一卷“崇峻纪”中，关于战败于苏我氏的物部大连的军兵，有“军士皆着皁[2]衣，于广濑原野征战而兵败”的记载。“皁”或“涅”是表达颜色的文字，意为包含在黑土之中，指的是由于土壤中铁成分的作用，使植物中含有的单宁色素变为黑色。上述“崇峻纪”中提到的“皁”，是埋入土壤中使之显色，还是都城附近的染匠使用黑齿铁液进行染色的，尚且无法判断，不过我认为那时已经实现了使用溶解后的铁成分作为媒染剂染色的技法。对于染坊来说，铁屑也是必不可少的。

移民带来的新技术

到了5世纪后半叶，秦氏与东汉氏的先祖来到日本，并带来了各项先进的技术。他们对日本的文化及技术，其中包括农具与染织技术所形成的影响，可以说是具有划时代意义的。虽然在卑弥呼时代已经从中国传入了养蚕技术，但据《新撰姓氏录》中的记载，仁德天皇御世，以一二七县秦氏分置诸郡，使其养蚕、织绢以做进贡。天皇诏曰，秦王献

注释：

[1] 黑齿，日本古代贵族的一种风俗，将铁屑浸入酒、茶、醋中使其出黑水，然后用羽毛、笔刷涂在牙齿上将牙齿染黑，以此为美。
[2] 皁，zào，同“皂”，黑色。

上之丝、棉、绢、帛，朕服用时感质地柔软，温暖肌肤。赐姓波多公。秦公酒、雄略天皇御世，丝绵帛堆积如山，天皇嘉奖。赐号曰禹都万佐。

秦氏在仁德天皇时已有127县的民众，他们将较为发达的养蚕、机织技术普及各个郡县。

在这一时期前后，倭五王向中国朝贡，并希望招募较高级别的染织技术工匠团体。据《日本书纪》应神三十七年条中记载，三十七年春二月……遣阿知使主·都加使主入吴，以求缝织女工。……吴王以女工兄媛·弟媛·吴织·穴织四妇女相赠。

雄略十四年条中记载，“身狭村主青等，与吴使、吴王献与之手工艺者汉织·吴织及织工兄媛·弟媛等，一同停泊于住吉津”。

从“汉织”“吴织”等文字来看，这可以看作这一时期中国较为发达的绫锦织造技术已经传入日本的证明。

这些文献资料是后世的记述，因此对于有关那个年代的内容记载不加考证就深信不疑也是不可取的，不过在我看来，这大概可以看作发生在5世纪的事情。在那之后不久日本就与中国断绝国交，直至派出遣隋使之前，两国之间一直没有来往交流。

总而言之，到了5世纪，秦氏在日本提高了养蚕技术并普及各个地区，形成了量产的规模。再加上从中国或经由朝鲜半岛来到日本的人们不断地带来了较为先进的染色、织布技术，日本国内终于能够生产出色彩华丽的丝绸染织品。

吴蓝的传入

从中国、朝鲜半岛传来的植物染色技术，包括能够染出华丽色彩的红花、蓼蓝、紫草的根等。红花是染制红色的原料，据说它的原产地是埃塞俄比亚至埃及周边地区，埃及古代王朝新王国时期阿蒙霍特普一世的木乃伊上就装饰了这种花，并且在王朝末期的萨卡拉遗迹中，发现了红花以及用红花精制而成的口红。

直至丝绸之路促使东西方交流兴盛起来之后，红花传至东方。红花除了用作染料以外，还可以制成供贵族女性使用的化妆品。

在中国，继东汉之后便进入了魏、蜀、吴的三国时期。然而三国时期也并未长久，五胡十六国、南北朝相继登场。不过，在日本，从5世纪至6世纪时期，即便朝代更替，还是一直习惯于将吴国旧地按照三国时期的名称称为“吴”。日本与吴地之间的交流，在很长的一段时期内都十分频繁。

红花传至日本据说是在3世纪中期，在中国习惯于称为“红蓝”。“红”意为红色，“蓝”意为青色，但是，“蓝”原本就是一种较为常见的代表性的染料，因此“蓝”字也是染料的总称。所以，“红蓝”指的是红色染料。当时的日本人将从长江以南的吴地传来的染料统称为“吴蓝”。

红花之红

《万叶集》中有下面两句诗歌：

红花（摄影：小林庸浩）

外耳，见筒恋弁，红乃未摘花之，色不出友（第十卷）。

立念，居毛曾念，红之，赤长下引，去之仪乎（第十一卷）。

在日本，红花是在梅雨时节过后开出红黄相间的花朵。若用作植物染料，人们印象中大概都是直接使用盛开时的红色、紫色花瓣或刚刚冒出新绿的嫩叶染丝或染布，但让人出乎意料的是，有用的色素都潜藏在树皮内侧、深深扎进土壤里的根部，或者果实等隐蔽的地方。其中，可以说只有红花是一个例外，花瓣上的红色色素能够染出美丽的颜色。夏季采下花瓣后经过干燥，花瓣上含有红色与黄色两种色素，实际染色中首先需用水将黄色洗去。提前在水中浸泡几日后，多次反复绞干、换水，黄色便渐渐褪去了。这一步骤结束后，将绞干的红花放入蒿灰溶液中，慢慢搅匀。也就是说，红花花瓣上的黄色色素可溶于水，而红色色素则只溶于碱性溶液。在山阴县红花产地，经黄色水洗处理后，也将红花制成固态的红饼出售。

在我的染坊里，由于是使用红花的花瓣染色，因此水洗除黄后浸入灰汁中揉搓是连续进行的。红色素溶出后加入米醋使溶液接近于中性状态。将丝绸或丝浸入溶液中染色。过程中分几次添加米醋，使染色保持在弱酸性的状态下完成。这一过程重复进行几次，就能够染出饱满的红色。

最后，将成熟的乌梅果实放在炭火上熏烤，待其变成像乌一样的乌黑色时放入热水中得到乌梅果酸液，再将染色完成的布或丝放入其中，就会变成较为鲜艳的红色。

将红花色素制成如口红一般的泥状，也就是颜料，还需要进行另外的工艺处理。与此有关的内容将在第2章中进行介绍。

作为技术团体的“部”

在日本境内，以来自中国或朝鲜半岛的人们为中心、以大和或河内为中心，形成了新的技术团体，他们隶属大王及其王族或氏族，服劳役，生产的产品用于纳贡。这种技术团体被称为“部”或者“部民”。例如，锻冶部、陶作部、鞍作部、马饲部等，从事染织的被称为锦织部。

提到“部”，人们容易联想到大伴部、物部、苏我部等在朝廷中掌有政权的政治性权力氏族，而上述职业团体也被命名为部，我想可能是因为在建设国家的过程中他们也起到了十分重要的作用。

宫廷生活中用到的餐具、祭祀用品，或者宴会中制作料理时需要的餐具，需求量应该是非常大的。至于衣物，大王站立在群臣面前时，身上穿的衣服必定是华丽夺目的，刀剑、马鞍等也应该是熠熠生辉的黄金制品。

大王通常也会佩戴一些表现个人意志的、象征权势的装饰品。承制这些用品的团体，为完成朝廷交办的重要工作，募集了高级别的技术人员，而这些人员也获得了相应的待遇。

这种情形并不仅仅局限于日本，在古代的中国或埃及、波斯萨珊王朝等伟大的文明古国都是共通的。

第2章 飞鸟·天平时代的色彩

为编织四骑狮狩纹锦而复原的花楼织机

佛教的传来与新的色彩

如同在世界各地所能见到的一样，日本人的宗教起源，也来自对自然界中存在的象征性的物体的一种敬畏、崇拜之心。他们认为，神会降临在树木茂密，人类难以接近的崇山峻岭，伸入海里的悬崖峭壁，村子里高大无比的树木、海洋、湍急的河流，以及岩石等地之上并住在那里，这些地方便成为了人们崇敬的地方。

进入农耕社会之后，人们在春天时祈祷当年风调雨顺，在秋天时为感谢收获，便向自然之神献上祭礼等。

到了6世纪，随着佛教的传来，日本掀起了一波新的信仰。佛教传至神明众多的日本，首先在外来移民的团体中获得了信仰，贵族中的苏我氏追随佛教。苏我氏与物部氏相互对立，围绕佛教信仰发生了战争，苏我氏获胜后，佛教得到普及并获得了飞跃性的发展。

随着佛教的发展，588年，从百济来到日本的寺工、铸造博士、瓦博士、画工等开始修造飞鸟寺。他们将呈粗圆形的柱木的外皮剥去，用朱砂或红色氧化物涂成红色，窗棂上用绿青（石绿）涂成条纹状花纹，矗立于塔顶的相轮闪耀着金色的光芒。堂内安置的佛像，是镀金的金铜佛，打开门窗后，在阳光的照射下发出金色的光芒，前来参拜的人们无不被眼前极致的色彩所震撼。

这些来自外国的人们与他们的文化相互结合，在政治上也引发了新的潮流。593年即位的女帝推古天皇，命其外甥圣德太子主理朝政，使政务气象一新。圣德太子在推行新政时建造了斑鸠寺（法隆寺），以便建成以佛教为中心的国家。

冠位十二阶的颜色

圣德太子推行的新政策之中，对日本色彩史的发展有着重要作用的，是冠位十二阶制度。之前的冠位，是以“氏”册封，可以世袭，而新政的目的则是按个人才能与功绩授予冠位，并能够获得晋升。这一制度的根源来自中国。下页的表格是五行思想与冠位十二阶的对比。

从色彩而言，最初在中国是基于五行思想的，正中央的土对应的黄色是至高无上的，之后代表太阳或者火的红色被视为正色。不过，在距今约2500年前周朝的春秋时代，在五色以外，青色与红色的中间色紫色，也曾是十分尊贵的颜色。在那一时期，创立了儒教的孔子在《论语·阳货篇》中写到，“恶紫之夺朱也”，哀叹当时的世相，或者说潮流。色彩的排位逐渐从五色演变为六色。中国将其保留了下来，而日本效仿中国隋朝的制度并沿袭了下来。

从冠位十二阶来看，在五行对应表中“五常”的“仁”之上，增设了紫色代表的“德”。官员的

五行	木	火	土	金	水
五色	青	赤	黄	白	黑
五方	东	南	中	西	北
五时	春	夏	季夏	秋	冬
五事	貌	视	思	言	听
五脏	肝	心	脾	肺	肾
五常	仁	礼	信	义	智
十干	甲乙	丙丁	戊己	庚辛	壬癸
十二支	寅卯	巳午	辰戌丑未	申酉	亥子

圣德太子之冠位十二阶（603年制定）

大德　　　　　　　　深紫
小德 < 德 = 紫 > 浅紫

大仁　　　　　　　　深青
小仁 < 仁 = 青 > 浅青

大礼　　　　　　　　深赤
小礼 < 礼 = 赤 > 浅赤

大信　　　　　　　　深黄
小信 < 信 = 黄 > 浅黄

大义　　　　　　　　深白
小义 < 义 = 白 > 浅白

大智　　　　　　　　深黑
小智 < 智 = 黑 > 浅黑

出自《日本颜色辞典》（紫红社，2000年）

官帽上，缝制了染成相应颜色的布，并且穿着的官服也对应冠位的颜色，在仪式中亲临现场的官员们的身份，通过官帽与官服的颜色便可一目了然。

这些服饰均由朝廷下发，因此应该设有锦织部之类的官方染织作坊，按照朝廷的命令完成工作。这是那一时代日本已经确实存在能够染出华丽色彩的植物染色技法的一个证明。

蜀江锦与太子间道

另外，圣德太子于607年向中国隋朝派遣特使小野妹子，重新开始了与中国大陆之间自倭五王时代起断绝数百年的来往交流。翌年，隋朝特使裴世清访日，以此为机，大量的留学生及僧侣东渡日本。在与中国的交流中，中国制造的较为高级的丝绸制品被大量带到日本，宫中自不必说，寺院的装饰、贵族们的服饰也因此而变得华丽起来。这些染织品中的一部分，经历了1300多年的岁月，现在仍旧保存在法隆寺，使我们能够一睹芳姿。

太子间道（收藏于法隆寺）

其中有一种被称为“蜀江锦”的织物。以红色为底色，以经线提花，这种织法也被称为“经锦”，中国在公元前后已经得到应用，织工坐在花楼织机的高处，通过经线的上提和下曳完成纺织过程，从纺织技术来看，这是一种完成度比较高的技术。“蜀”指的是现在的中国四川省地区，据说当时这一地区擅长生产红底锦缎，因此取其地名为织物命名。

法隆寺保留下来的这种织物断片有3种，分别为格子纹样、唐代龟甲纹样，以及双凤连珠圆纹。英国探险家奥莱尔·斯坦因曾经在中国西域吐鲁番的阿斯塔纳遗迹中发现了与上述双凤连珠圆纹几乎相同的织物。而格子纹样曾在敦煌莫高窟的壁画中出现过。

此外，源于圣德太子的织物断片，是一种被称为“太子间道”的经絣。所谓“絣”，指的是在上织机前先将丝进行部分扎染，通过染料浸染部分与未浸染部分的颜色对比而编织纹样的技法。

絣织技法曾经流行于印度、印度尼西亚、日本、墨西哥，以及南美洲的安第斯山脉地区，而法隆寺留存下来的断片，是世界上现存的最古老的絣织物。关于其生产地存在着各种说法，不过在中国内陆地区的汉族族群中未曾见到絣织的形迹。但与中国新疆和田及阿富汗、土耳其的人们制作的絣织物十分相似，因此我推测这一地区才是絣织的故地。

这些织物是什么时候被带到法隆寺的呢？法隆寺金堂里绘有四佛净土图像与八菩萨像。昭和二十四年（1949年）的火灾中烧毁的第三号壁的观音菩萨像上，僧衣的腰部部位的纹样被认为是模仿太子间道上的纹样而绘制的。同样，第六号壁的观音像上描绘的蜀江锦，很有可能是于7世纪前半叶由遣隋使带回来的。法隆寺流传下来的这些织物断片，虽然经过了一千几百年的时间，却仍旧保持着美丽的色彩，参与了复原工作的我，在每次看到这些织物时，都会产生一种新的感悟。

紫胶虫的红色

我总是被红色系的颜色格外吸引。在中国及周边地区，通常有4种材料被用作染制红色的染料，那就是茜草、红花、苏芳，以及名为紫胶虫的介壳虫。

其中，易褪色的红花与苏芳，可以首先从染制法隆寺流传织物断片的原料中排除了。剩下的是茜草与紫胶虫。用生长在中国或日本的茜草染色时，能够感觉到红色当中带有明显的黄色，而仔细看蜀江锦的红色，就会发现其中似乎带有青色。我虽不敢断言，但从个人感受而言，使用紫胶虫染色的可能性很高。

介壳虫在世界上共有一万多种，从古至今，在实际使用中利用到其色素及树脂成分的，有以下3种：紫胶虫（亚洲）、红蚧虫（地中海）、胭脂虫（中南美洲）。

紫胶虫寄生、共生在三叶豆树（豆科）、雀榕（桑科）、荔枝树（无患子科）、犬枣（鼠李科）等树上，分泌含有红色素的树脂及蛋白质，包裹在自己的身体上。在印度、不丹、尼泊尔、缅甸、泰国、印度尼西亚，以及中国的西藏和中国南部能够采集到。汉字表记为“紫矿”，在唐代编撰的《新修本草》中也有所记载，因此可以推测在古代已经开始使用了。

最晚至奈良时代，紫胶虫已传入日本，正仓院收藏的药物中，保存有一枝带着雌虫分泌的脂状物的细长树枝。在《种种药账》中被记载为“紫铆”。

在利用紫胶虫染色时，先将固态的树脂放入混合了少量米醋的水中煮。当水变成红色，而树脂沉入容器底部时，只取红色液体，将丝浸泡其中大约30分钟，然后用水细细清洗。之后再用水将天然明矾化开，倒入大水槽中，将丝浸泡其中大约30分钟。这一流程重复进行几次后，就能够染出带有青色的、艳丽的红色。顺便一提，在近代，提取色素后的紫胶虫树脂也被用作电绝缘材料以及过去的SP唱片等。

日本产刺绣的颜色

法隆寺不仅留存有从中国传来的织物断片，也留存有7世纪日本的织物断片，名为“绣佛”，以刺绣表现端坐在祥云之上奏琴的天仙的姿态。现在看到的虽然只是一个小小的断片，但过去曾是装饰于寺院的柱子、檐头等处的幡、帜等的下沿部分。由紫草的根染成的紫色、茜草染成的绯色、蓼蓝染成的缥色（浅蓝色）、青茅染成的黄色，由蓝色与黄色染料混合染成的绿色等多种颜色的丝拧成的线，在由经线交叉而织成的被称为“罗”的薄薄的丝绸上面刺绣。

与法隆寺东侧紧邻的尼寺中宫寺里保留下来的“天寿国绣帐”，是圣德太子妃橘大郎女为追思于推古天皇三十年（622年）去世的圣德太子而绣制的。其残片上，绣着坐在莲台上的佛像、僧侣及普通人、凤凰祥云、蔓藤、兔、龟、佛教寺院等圣德太子往生后所在的天寿国的情景。通过这幅“天寿国绣帐”，我们能够了解到，在日本也存在着不输于中国及朝鲜半岛的植物染色技术，并且从上面的人像能够推测到当时宫廷贵族穿着的是怎样的服装。

舶来品狮狩纹锦

法隆寺里另一件引人注目的织物断片，是“四骑狮狩纹锦”。保留下来的断片宽139厘米、长250厘米，规格较大，是显著的波斯风格的纹样，描绘的是在石榴树下骑马挽弓的4位骑士正要射猎狮子的情景。连珠环绕四周，其周围装点着唐花纹样。据寺庙传记所记载，狮狩纹锦是遣隋使小野妹子从隋朝带回来的，曾经是圣德太子骑马出行时的御旗。

平成十三年（2001年）适逢圣德太子去世1380年，法隆寺陆续举办了十年一度的一系列纪念活动圣灵会等追思圣德太子。

我的工坊参与了法隆寺、东大寺、药师寺等的工作，因此在那一年开始了法隆寺留存下来的四骑狮狩纹锦的复原工作（参见彩色卷首图）。

这幅锦现在有些褪色，底色变成了茶色，然而在镰仓时代所著的《圣德太子传私记》中有“四天王欤，纹锦一丈许，赤地”的记载，因此可以知晓原先它的底色是红色。不仅是纺织技法，连它的色彩也完全再现了当初的样子。并且，与前述提到的蜀江锦是由经线提花的经锦不同的是，它是由纬线提花的纬锦，是在花楼织机上织就的。我们的工作就是从复原古代的织机开始入手的。那是一台高4米、宽2.5米、长8米的大型织机（参照本章扉页）。

四骑狮狩纹锦的复原

骑马挽弓、正要射猎狮子的人像的确是波斯风格的纹样，但马身上的几个部位有“吉”“山”字样的汉字，而除了中国中原地区，或者说除了蜀地以外的地方是无法织出这么精美且技艺高超的丝绸织物的。因此我推测这幅锦是在盛唐时代的中国织成后被带到法隆寺来的。

那一时期圣德太子并不在世，而是重建法隆寺的天武持统天皇时期，还并未形成对圣德太子的信仰。如同记载中的“赤地”一般，在被带到日本时，这幅锦的底色是光辉夺目的红色，通过深蓝色的连珠纹和用槐黄与茜染相结合的黄红色系染出的石榴果实，再加上浅蓝与绿青形成的淡绿色，以及黄色，渲染出了即将射猎狮子的波斯风格的人物纹样。

特别是作为底色的红色，虽然前面提到的紫矿与茜草并不能排除，但我更倾向于红花，如同《万叶集》中的诗句“红虽艳却易褪，橡虽素却长久，只以橡为衣”（第十八卷）。用红花染色，随着时间的推移会逐渐褪色。若是用紫矿或茜草，则着色牢固，时至今日其颜色也应保持得更好一些。

本次复原工作中，蓝色采用的是生长在中国、日本的蓼蓝，染出较浓重的蓝色，在近似于绿青颜料的淡绿色之上，用蓼蓝嫩叶染上薄薄一层，之后再加上黄檗的黄色。

鲜艳的黄色，采用的也是中国《齐民要术》中记载的槐花，用来描绘石榴枝纹样。石榴果实的红色在现在看来还是残存着黄红色，因此据推测应该是采用了茜草染色。一天能织出约1厘米，织完法隆寺留存的约2.5米的断片，需要三四位工人花费约一年的时间。

技术传向地方

600年前后，由工匠们所组成的锦织部、绫部、吴服部等的“部”受到了朝廷及苏我氏等贵族的护持。其中名为锦部安定那锦的一个部族，据说在河内的桃原、真神原等地均开设了工坊。另外在近江国滋贺郡、浅井郡也设有工坊。这些地方距离奈良都城都很近。另外还有距离较远的信浓国筑摩郡锦服乡、美作国久米郡锦织乡、四国赞岐绫部，以及摄津国岛郡、河内、伊势等地的吴服部。

经历了大化改新之后，律令国家逐渐形成，在文武天皇时期制定的大宝律令，确立了较为稳固的国家体制。在大宝律令的组织结构中，与色彩相关的，是中务省设缝殿寮、画工司，大藏省设缝部司、织部司，宫内省设内染司。其中，织部司配有挑纹师4人、挑纹生8人。挑纹师的工作，是在织锦时事先构思图案，将织锦流程绘成图样，确定经线与纬线在织机上的排布、操作方式。

和铜四年（711年）起，挑纹师开始到地方指导工作，两年后，一位名叫桉作磨心的人，织出了华丽的锦、绫，获赐柏原村主一姓。同年，刀母离余叡㐌奈[1]开始了晕繝染，因功获得赐姓（《日本后纪》）。所谓晕繝染，指的是同色系的渐变色，至于渐变色是通过染色还是通过织法实现的，现在也无法断定。正仓院宝物中有一幅名为“晕繝夹缬罗”的织物，是将罗织物预先染成黄色，再将布用板夹住，通过夹缬染的技法染上蓝色，形成从黄至绿的晕染效果。另有一幅名为“七曜菱纹晕繝染锦”的织物，色彩呈现出横向浓淡晕染，并排的小花可以看作和式美的萌芽。

无论如何，来自中国、朝鲜半岛的移民带来的技术孕育出的日本丝绸织物与为这些织物染色的植物染色技术，以及锦、绫等的织物，甚至于绞缬、

注释：

[1] 人名。

夹缬、蜡缬的三缬染色技术等，在7世纪中期至8世纪前半叶基本得到了完善，生产工艺可以说已经达到了非常高的水准。并且，从流传至今的尾张国、骏河国等地的正税账（决算报告）中可以了解到，不仅是在奈良都城、河内平原等都城附近之地，在较远的地方也能够生产锦、绫、罗等需要高度纺织技术的织物。

大佛开眼仪式与正仓院宝物

圣武天皇发愿建造的东大寺大佛殿，除了是奈良时代的历史性事件，也是日本终于跻身于丝绸之路这一恢宏的东西方文明交流通道的一个证明。

东大寺大佛殿建成后，于天平胜宝四年（752年）4月9日举行了盛大的开眼仪式。《续日本纪》（第十八卷）中有“佛法东归，斋会之仪，未尝有如此之盛也”的记载。

日本、朝鲜半岛自不必说，中国、印度、波斯也有多人参会。开眼仪式的执事者由来自天竺国即印度的僧人菩提仟那担任，皇族、高官、僧侣等一万多人齐聚一堂，举行了前所未有的一次盛大的法会。

据说，列席者自南大门至大佛殿中门之间由百褶屏风装饰的通道上列队前行。

建造东大寺的圣武天皇去世之后，其妃光明皇太后为祈求冥福而献上了天皇所爱的遗物，由东大

紫草

寺正仓院收藏。记载了所藏物品目录的《国家珍宝帐》中保留了明确的记录，成为十分珍贵的资料。此外，在那次盛大的、国际性的大佛开眼仪式中使用的佛教仪式用具，以及当时东大寺的各项法事活动中用到的物资也都收录其中，将天平时代多姿多彩的文化原原本本地保留到了今天。

正仓院断片之所见

东大寺正仓院位于大佛殿北侧。进入小门走过砂石路，黑茶色的仓库映入眼帘。那是一座由三角形桧木木材建成的校仓造结构的高床式[1]建筑。在湿气较重的日本，正仓院虽然历经长达1200多年的岁月，但仍旧将宝物保存得完好无损，其原因就在于这种木质结构、地板离地较高的设计。此外，附近原有的大讲堂现在变成了松树林，只留下了曾经支撑着这座巨大建筑物的地基可供人们追思过往，对面的大佛殿也经历了两次的烧毁重建。每念及此，便十分感慨于正仓院宝物能够留存至今实属不易。

正仓院中的收藏品经历了1200多年的漫长岁月

注释：

[1] 高床式，指地板抬高、悬空而建的地基样式，目的是躲避地上虫兽的侵害和地底的湿气，或大雨时房屋进水。

后几乎完整地保存了下来，不得不说，是历史上的一个奇迹。中国唐朝的都城、意大利罗马、希腊雅典等拥有着古老历史的大都市遗迹，大多数曾经一度成了废墟，被掩埋在土里，经过考古发掘才再次出现在人们眼前。与此相比，无论是日本的法隆寺还是正仓院，建筑物与宝物在地面上流传至后世，不得不说是十分侥幸的一件事。

作为染织行业从业者，正仓院留存下来的被称为“正仓院断片”的数量庞大的织物断片，以及染成彩色的和纸，成了我工作中的一个重要部分。

现代人在日常生活中可以使用十分便利的工具，但想象一下距今1200多年前的人们，过着极其不便的生活，工具也并不丰富，然而细细研究一幅幅的染织品后会发现，每一幅织物所使用的高超的技法令人叹服，其完成度之高令人瞠目结舌。包括小幅断片在内，正仓院收藏的织物断片数量多达十几万幅，把这些丝织品看作昔日丝绸之路所流传过的技术中的精品也并不过分。

在将近40年的时间里，我每年都会去参观正仓院的展览，见到过各种各样的染织品，并且有机会亲眼看到以前流入民间、现在被民间收藏家、古美术商家收藏的几本断片手册，下面记述的内容是我印象较深的几种颜色。

高贵之色紫色

首先让我们从飞鸟时代起一直象征着高级别权位的、用紫草的根（紫根）染色的染织品开始讲起。

正仓院留存下来的紫色染织品占据了很大的数量，不过其中最值得一提的，是天皇爱用的凭肘几上的紫地凤凰纹样挂饰。在紫地纬锦上，用唐草风格的花叶纹样勾勒出圆形的框，在其中央用紫色、绿色、茜色、白色的色系呈现出凤凰图案。这幅华丽的锦使用了大面积的紫色，用在天皇的凭肘几上，所释放出的光彩，对于渴望权力的圣武天皇来说无疑是十分匹配的。使用紫草根染色的技法，原来是由中国传来的，自传入后经过大约3个世纪，到天平时代中期时，这一技法应该已经达到了完美的程度。详细内容将在下一章《延喜式》一文中讲述，如同《万叶集》中的诗歌“椿灰染紫色，行至海石榴，相逢在歧路，敢问尔芳名”（第十二卷）所述，那时的人们已经明白在染制紫色时需要使用椿木灰作为媒染剂。

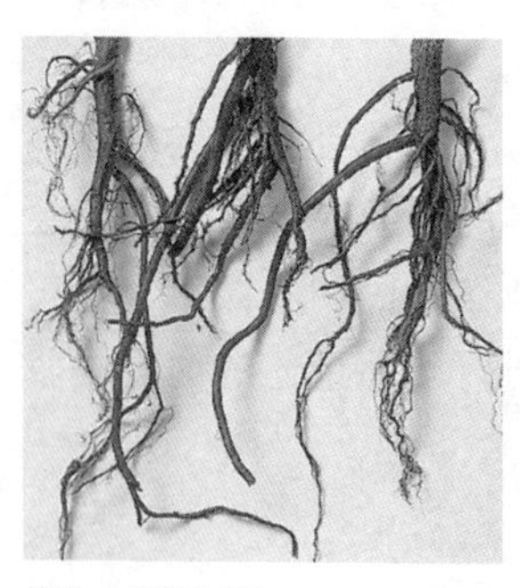

紫根（紫草的根）

与紫草相关的文献，是“正仓院文书”中丰后国（现在的大分县）的正税账。其中天平八年（736年）一项中有如下的记载：

球珠郡　天平八年、定正税稻壳　壹万柒千贰百贰拾斛陆斗捌升贰合贰勺

国司巡行郡内　合壹拾肆度……

一度莳营紫草园（守一人从三人　并四人二日）单捌人上贰人（守）从陆人……

壹度随府使检校紫草园（守一人从三人　并四人一日）单肆人上壹人（守）从三人

壹度掘自草根（守一人从三人　并四人二日）单捌人上贰人（守）从陆人（傍点笔者）

根据记载，国司为掌握播种时的状况、生长情况，以及紫草根的收获情况，每年巡行3次，可以了解到，那时已经开始人工栽培紫草。

染制鹿草木夹缬屏风

多色夹缬之神奇技法的复原

正仓院留存下来的屏风中，有“鸟羽立女屏风”之类的绘画式作品以及夹缬屏风、蜡缬屏风等染色制品。

我的工坊参与了其中的夹缬屏风的复原工作。这幅屏风是天平胜宝八年（756年）由光明皇太后所献的“献物帐”中记录的“鹿草木夹缬屏风十七叠”中的一扇。高167厘米，宽57厘米，构图上部正中是悬挂着红色果实的立树，其下是岩石与草，再下方是两头面向而立的鹿将草围在中间（参见彩色卷首图）。

夹缬，是将布夹在两枚雕刻有纹样的厚板之间进行染色的技法。通过屏风上的详细图案能够看出，是将一片布竖向折叠为两片后夹在板中进行染色的。

此番我们进行复原的方法如下：

首先，将纹样竖向分割成两半，用两张和纸将相同的纹样复制下来。

其次，准备两张厚5厘米、长167厘米、宽30厘米左右的樱木板，将复制好的和纸贴在其中一张木板上面，将另一张和纸反过来贴在另一张木板上，雕刻纹样。也就是将两张板雕刻成左右对称的纹样，再将布夹在其中。纹样中有颜色的部分打开无数的小孔，将染料放入孔中。两张板上需要打开大约2000个孔。我们判断这幅夹缬屏风上有5种颜色，使用了深茜色、浅茜色、蓝色、深绿色、浅绿色。

染出绿色时需要将蓝色及青茅黄色配合使用。

从鹿与树上垂下的果实的颜色是深茜色。鹿角等染成了浅茜色。相应部分的小孔保持开放，其他的小孔全部关闭。浅茜色的部分，经过一定的时间之后从染液中取出，将小孔关闭，便能够把握颜色的深浅。

染制过程中用到的干燥后的茜草根约16千克，用作媒染剂的椿木灰4千克，大约花费了10天时间。染缸的规格是长250厘米、宽80厘米、深1米左右。

茜色染制完成后，灌注茜色染料的小孔全部关闭，将表现岩石的蓝色部分，以及树干与树叶、花草叶的部分的小孔打开。接下来就是在蓝色染液中浸染。

天平之蓝

蓝色是一种对于任何人来说都具有亲和力的颜色。“蓝”字，应该看作染料与色名的总称，而不是指植物本身。很多种类的叶子、草本植物、树木等都含有蓝色素。用于染色时要根据不同地区的风土气候，选取易生长、可大量采集的品种。

在印度、非洲等热带气候的地区，采用的是豆科木蓝属的印度蓝或青仔草，在中国南方及泰国、老挝等亚热带地区采用的是爵床科的琉球蓝，日本及中国长江流域等温带地区采用的是蓼科的蓼蓝，在欧洲及北海道等寒冷地区采用的是十字花科的大青。

据说采用含有蓝色素的蓼蓝的叶子染制蓝色的技术，是在5世纪、应神天皇至雄略天皇时代，由来自中国或朝鲜半岛的外来技工带入日本的。之后，在6世纪末推古天皇时代，圣德太子摄政时制定了冠位十二阶，按照头冠与服装的颜色区别官阶。如同前述的紫、青、红、黄、白、黑各种颜色的深浅，共12种颜色。其中的“青”，当然就是指蓝染。

为朝廷群臣以及侍奉神佛的人员提供衣装的部门，就是织部司。内设以正、佐、令史为名的管理人员以及挑纹师，向各地的染织“户”进行技术指导，发出制衣命令。据《令解集》的记载，其中共有锦绫织户110户、吴羽部7户、河内国广绢职人350户、绯染70户、蓝染33户。

蓼蓝

在奈良时代，蓝染技术可以说已经趋近于完美，正仓院宝物中也已留下了不少染织品。其中，被记载为“开眼缕”的一束缥色线缕时至今日仍旧保留着美丽的颜色，令人印象深刻。天平胜宝四年（752年），东大寺大佛开眼法会上，为大佛的眼睛点墨的笔上所系的长长的开眼缕，由法会的莅临者握在手中。

关于当时的蓝染技法，几乎没有文献记载，因此只能加以推测了，在含有蓝色素的植物的生长季节，即农历六月至十月，采集生叶，将叶子浸入水中，通过沉淀使色素溶于水中后，加入木灰使溶液呈碱性，再加入用于酒类发酵的物质，进行染色。

写在紫色纸张上的经典

紫色不仅仅是用来染布或染丝。圣武天皇推崇佛教，热衷于佛教的传播，为了使佛教经典更为壮丽、更具装饰性，便下令将经文纸张染成紫色。天平十三年（741年）颁发诏令在各国建造国分寺，用来供奉在寺中七重塔内、以金字书写在用紫根染成深紫色的纸张上的紫纸金字《金光明最胜王经》，现在收藏于奈良国立博物馆。

我想，这种纸大概是用从紫根中提取的色素经过椿木灰沉淀制成颜料一般的深紫色染料后，用毛刷在和纸上涂刷多遍后制成的，也就是刷染法。原因在于，这部经典中从破损处可以看到纸张内里的芯是白色的。若是采用浸染法，在浓度增加的同时数次浸入染液中染制的话，色素便会浸透至纸芯。然而纸张与布或丝不同，无法经受长时间且温度逐渐增高的染色过程，并且如果放入椿木灰溶液中，纸张就会溶化在碱性液体中。若不采用刷染法，颜色的浓度就无法提高。即便如此，从染坊的角度来看，也认为这是一种虽然工序复杂但却绝无仅有的、最为高级的纸，并且用金泥在纸上书写经文，是一部无可比拟的、豪华的经典。

正仓院还留存有包裹这本经典的经帙，名为“《最胜王经》帙”。以密密排列的细竹为芯，由同样使用紫根染成紫色的丝与白色的丝编织而成。正中央是神鸟伽陵频迦[1]，四周写有“依天平十四年岁在壬午春二月十四日敕”“天下诸国每塔安置金字金光明最胜王经”的文字。紫色纸张的经卷由这个经帙包裹起来，收藏于作为总国分寺的东大寺内。

纸张的染色

正仓院宝物之中最令我注目的便是“纸”。原因在于我的工坊里除了为布和丝进行植物染色，也有大量的为和纸染色的工作。

日本确立起律令国家的体制，是在进入7世纪之后，其背后与发达的造纸技术有着紧密的联系。因为要建立国家体制，必须制定法典，并向以官员为首的国民宣示，并且需要整顿户籍。当务之急，是在全国范围内登记姓名、家谱，制作人民一览表，按照劳动力等确定劳役、征收租税。民部省设有主计寮这一部门，主管征调及收取杂物等进行分配。此外还设有主税寮，承担着收取及管理田租的职能。中务省的图书寮主要负责编纂书籍及国史。这些部门内部需要大量的纸张与墨汁等。

注释：

[1] 伽陵频迦，佛教神鸟，也称“妙音鸟”。

《日本书纪》推古天皇十八年（610年）一节中，记载有“春三月，高丽王献僧云致·法定，云致知五经，且能制彩色及纸墨，并能造碾磑[1]”。过去人们认为日本是从这一时期开始出现了纸墨，但现在普遍认为5世纪前后外国移民在将陶器、染织等普及开来时纸墨便已传入日本了。

将植物纤维捣碎放入水缸，再用篾席捞浆制纸的技术，是由中国发明的，但在传入日本之后，与律令国家体制的创立以及佛教的传入相互作用，取得了飞跃性的发展。

其中，以天皇为首的皇宫贵族对佛教的推崇也是一个重要的原因。673年，天武天皇在飞鸟川原寺召集书生抄写一切经[2]。其后直至奈良时代，一切经已多达5000多卷，前后共举行了20多次抄经活动，并且相继完成了《华严经》《金光明最胜王经》《法华经》《大般若经》等较为特殊的愿经，其过程中所需的纸张数量庞大。而且我们知道，在奈良时代，已经能够制造出色彩丰富的纸张。与染丝及染布的技术相同，在很久之前的时代，人们已经开始通过染色来增强纸张的装饰性了。

正仓院留存下来的和纸数量数不胜数。能够制造出数量如此庞大的纸张，说明分布在日本各地的造纸场已经掌握了较高水平的技术，能够染出色彩

注释：

[1] 碾磑，用水里启动的石磨。
[2] 一切经，佛教经书的总称，又叫大藏经，简称藏经、佛藏、释藏。

华丽的纸张。

这些经书可以理解为大部分是为了传播佛教而抄写的经书，以及被喻为莲花的花瓣以做寺院散华之用。为推广佛教而书写的经典，并且带着庇佑国家的心愿而收藏于寺院内，当时的执政者们的这些行为，都离不开造纸与染色技术的支持。

纸上的黄色

从“正仓院文书”中我们能看到当时收藏的染色纸张的名称及数量。

其中黄染纸、黄麻纸、蓝纸在内共计超过300万张。此外还有青茅纸、紫纸、红纸、苏芳纸、缥纸、蓝纸、绿纸、木芙蓉染纸、须宜染纸等。为首的黄纸数量远超其他。这种用黄檗为纸张染色，使纸张具备防虫效果，避免虫噬，并且能够保留墨线的染色习俗，是从中国传来的。

在古代印度，书写文书或信件时采用的是棕榈科多罗树上生长的贝多罗叶，佛教经文也是写在这种叶子上面。但在中国，造纸术发明之后，能够快速地生产出质地良好的纸张，经文便可书写在纸上，其中以黄檗染色的纸张较为多见。其样例在中国的敦煌莫高窟等地发现的经文中多有所见。成书于6世纪的中国农业技术书籍《齐民要术》中也有所记载，用黄檗染色能够驱虫，延长保存时间。日本应该也是受此影响，制作了大量的用黄檗染色的经文纸张。黄檗是芸香科落叶乔木，树皮内侧有木栓层，其中富含略有苦味的黄色素。

青茅纸也是一种黄色的纸张。青茅是禾本科多年生草本植物，与芒草相像，容易混淆，但青茅比芒草植株更矮，穗子也只有两三根。青茅、杨梅、槐花等主要的黄色染料都是利用其中所含的黄酮类色素。作为青茅的产地，最为有名的是琵琶湖东侧连绵起伏的伊吹山，“正仓院文书”中也有“近江青茅”的记载，可知其历史久远。为什么伊吹山的青茅最好呢，原因在于这座山的山麓被茂密的针叶树、阔叶树广为覆盖，而山顶则无高树，如同草原一般。因此山顶日照强烈，此处的青茅为避免紫外线过度照射，不得不在体内形成大量的黄酮色素用来保护自己，便积蓄了较多的色素。因此获得了“近江青茅”的美誉，成为一种知名度很高的黄色染料。每年秋天，我都期待着在伊吹山山脚下采集药草的药农将采下并晒干的青茅送至我的工坊。

青茅与黄檗都用来染制黄色纸张，不过染色方法稍稍有些复杂。将尚显青色的草叶放入水中熬煮，提取黄色素。与紫根、茜草同样属于媒染染料，将染液与椿木灰溶液交替倒入染缸中，以提高染色的浓度。因此，相比黄檗，用青茅染色的纸张似乎黄色更浓一些。

用红花染色的纸

红花自传入日本后，因其浓艳的色泽而获得了万叶诗人的青睐，以“红花西有者，衣袖尔，染著持而，可行所念”（《万叶集》，第十一卷）为例，多用来向所爱之人吟诵，或用在描述爱情的诗歌中。

如同在第一章中所讲到的，红花用来染丝或染布时，在提取出色素的染液中重复浸染几次，便能染出较深的红色。

但用来染织时，与紫纸相同，需要先使色素沉淀后制作成颜料一般的状态。与化妆用的腮红、口红的制法相同，早在古埃及王朝时代就已开始使用。

首先从红花中提取红色素，加入米醋使之呈中性。利用红花色素十分容易附着在植物纤维上，同时也十分易于从植物纤维上脱离的特性，先将红花色素浸染在麻布、木棉布等植物纤维上。红花色素易溶于碱性溶液，因此将蒿灰溶液倒在浸染了红花染液的麻布上，拧干麻布，便得到了较浓的红花液。向此液体中加入乌梅水溶液（天然柠檬酸），红花色素便沉淀下来。收集起来便得到了艳红色的泥状物。用红花制作的泥状颜料，现在装在陶瓷器皿里，保存在我的工坊里。这是江户时代之后，伊万里烧纸的陶瓷器普及后的做法，在那之前，都是装在像象牙一样表面平滑的器物内保存。

在奈良时代，这种颜料应该是浸染在真棉（丝绵），或做成棉状的麻布上进行保存的，“正仓院文书”“大安寺资材账”“法隆寺资材账”中都能看到“烟子”或“烟紫”的表记。

在平安时代编纂的《本草和名》中有“红蓝花，作‘燕支’者，和名为吴蓝”的记载，《倭名类聚钞》中有“焉支、烟支、臙脂皆通用”的记载，容易与本书第43页中讲到的介壳虫（胭脂虫）的红色相混淆。不过如同后面将要讲到的，用“臙脂”一词表述从虫类中提取的红色，是在中国的明朝、日本的桃山时代之后。

总之，将泥状的红花颜料重复多次涂刷在和纸上便染成了深红色，若对着光的方向，有时会显出金色。

每年冬天，我的工坊都会用这种艳红色的颜料染制红纸，交奉于东大寺，用来制作修二会（取水节）时为十一面观音供奉的山茶花绢花。

有关“须宜染纸”

“正仓院文书”中记载的染色和纸的名称中，有一种纸名为“须宜染纸”。

关于“须宜”一词，古代染色研究专家前田千寸先生与上村六郎先生的见解有所不同。对此，我想在飞鸟、天平这一章的最后阐述一下我的观点。前田千寸先生认为，从其他染色法的命名方式来看，名称能够反映染色时使用的原材料，因此须宜染纸指的是用杉树染色的纸[1]。而上村六郎先生则认为，须宜染指的是漉染[2]，即在抄纸[3]之前提前将纤维染色的技法。对于“须宜染纸”这一名称的表记，我的观点与前田先生的观点相近，而从那一时代的漉染技法来看，我同意上村先生的观点。

纸张的最大用途，是记录文字，以及绘画。在为整张纸染色时，基本的方法是使用毛刷蘸上染料或颜料涂刷，即“刷染法”。不过，若用毛刷涂刷，则多少会产生色差，在需要产出大量纸张的情况下，从始至终保持同一个颜色，是非常难的。

用刷染法将和纸染成红色（摄影：小林庸浩）

染丝或染布时最适合的方法，是制作大量的染液，将丝或布浸入其中进行浸染。这是最基本的方法，染出的颜色也十分美丽。原因是色素充分地浸透到了纤维里。然而在染纸时却不可能像染丝或布时一样，将纸张放入染液中揉搓或搅动。只好将纸长时间地吊放在染液

注释：

[1] 日语中“杉”与“须宜”的发音十分相似。
[2] 日语中“漉”与“须宜”发音相同，“漉染”指的是先将纸浆染色，再行制纸的染色、制纸方式。
[3] 抄纸，指的是将纸浆制成纸张的工艺过程。

中。但是纸张有一个缺点是，在染色后晾干的过程中非常容易起皱。因此，和纸染色时最为适合的方法是漉染。

和纸的原材料是小构树、雁皮等的树皮，即植物纤维。采下后经过长时间蒸制，将外皮从木芯上剥下，放入木灰水中煮沸，之后用刀具削去外侧的黑色部分，将剩下来的内皮捣碎，就是制纸的原料。将捣碎的原料先行染色后再行抄纸的方法，就是“漉染”。这种情况下，染料可渗透至纤维深层，并且在抄纸时会无数次地充分搅拌纸浆液，因此制造出的纸张无论是第一张，还是第一百张、第二百张，基本能够保持相同的颜色、相同的纸质。

抄写几百、几千卷经文时要用到几万张纸，为了使纸张更具装饰性，将其染成蓝色、黄色，那么漉染是最适合的方法。对于不了解和纸制作方法的人来说，这种技法可能很难想象，或许以再生纸做参考就能明白了。比如说，有几百张和纸，上面用墨汁等写了文字，或者，有大量的被虫噬的明治时代以前的古书，把这些纸张带到造纸场，粉碎后重新抄纸。那么文字的墨色便自然而然地浸透到纸张中，新的和纸便呈现出了淡墨色。这就是漉染的应用场景。

第3章 宫廷的色彩——和式美的确立

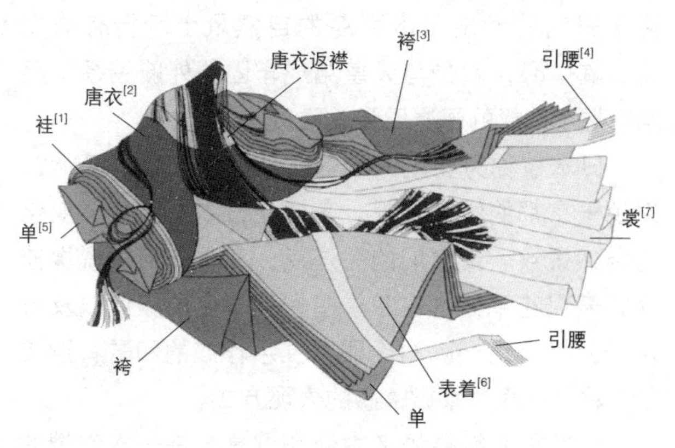

宫廷女性装束（女士正装）。出自《日本颜色辞典》（紫红社，2000年）

注释：

[1] 袿，衣袖，衣后襟，同“褂”。
[2] 唐衣，平安时代宫廷女性正装装束中的短外衣。
[3] 袴，裤裙。
[4] 引腰，女士装束中从腰部向后垂下的两条装饰带。
[5] 单，单衣。
[6] 表着，穿在唐衣内侧，垂颈、四角、宽袖的一层衣物。
[7] 裳，从腰间垂下的裙。

和——日本特色

迁都平安京[1]，是在延历十三年（794年）。平安京三面环山，城市布局与平城京[2]同样是仿照唐朝都城长安的条坊制[3]。桓武天皇排除了过去奈良佛教在政治上的干扰，志在建立全新的政治体制，不过，从派遣遣唐使等举措来看，在受到唐朝的强烈影响这一点上，与奈良时代没有太大的区别。

9世纪末期，新的都城在历经近百年的岁月后终于开始稳定下来，总揽政务的菅原道真获得宇多天皇的信任，并提出建言，制定政策停止派遣遣唐使。一直以来吸收并模仿中国文化而建国的日本，终于开始萌发出日本列岛的自然风土所特有的文化。其中心，就是与天皇结成牢固的外戚关系、逐渐掌握了政权的藤原氏及关联贵族。

日本被称为和风文化的宫廷高雅文化的基调，来源于京都的优美景观，来源于日本列岛错落变化的自然景致。贵族们的关注点，在于如何敏锐地捕捉并表现花草树木在四季中慢慢演变的颜色以及日月光影的变化。以31个假名文字作成的和歌，形成了一种更能表达细微情感的表现方式。

由纪贯之编纂的《古今和歌集》是一本敕撰的和歌集，宫中也常常举行和歌会。《土佐日记》

注释：

[1] 平安京，日本京都的古称。
[2] 平城京，是日本奈良时代的京城，地处今奈良市西郊。
[3] 条坊制，指的是唐朝时期的里坊制。

《竹取物语》《伊势物语》，以及清少纳言所著的《枕草子》、紫式部所著的《源氏物语》，均成书于这一时期。

贵族社会为了与天皇及达官贵族结亲，对女儿们实施高端教育，同时鼓励她们重视仪容之美。以皇后、中宫为首，会聚在后宫中的女性，都是极具教养的才女。她们擅长阅读和歌、物语，这些也是进入后宫的一个基本条件。平安时代的宫廷文化，可以说完全是以后宫中的女性为中心而形成的。

看到并能感受到日常生活中逐渐变换的季节之美，并不仅仅局限于文学这一种表现方式，也体现在贵族宅邸寝殿的建造及其内布置的竹帘、幔帐、围屏等日常用具，以及女性的穿着打扮，甚至于用来书写信件、诗歌的纸张等近在身边的各种事物上面。

伴随着从中国的唐风文化向构筑和风文化世界的转变，在色彩领域，特别是服装及日常用具方面也出现了变化。不过，在日本的独特性逐渐增强、平安朝和式美的探究过程中，存在了一个较大的阻碍。那就是，由飞鸟时代至天平时代的文化遗产中的法隆寺、东大寺正仓院等的建筑物，在经过漫长的岁月后得以幸存，使人们能够从流传下来的宝物中一睹昔日的风采。然而京都经历了数次的战乱与火灾，特别是发生在15世纪、长达11年时间的应仁之乱，将京都烧毁殆尽，如今只剩下了非常少数的几处，能够让人们直接看到平安时代京都的风貌。

在这样的背景之下，于10世纪选编的律令施行规则《延喜式》能够流传至现在，实属万幸。其中有关染织的记载，特别是色名及相应用于植物染色的原材料以及和纸的染色等内容十分详细，引人深思。从12世纪兴起的大和绘[1]，例如《伴大纳言绘卷》《源氏物语绘卷》等之中，可以看到当时人们的衣装、建筑样式、室内用具等。

在此，我想通过留存至今的文件资料及绘画资料等，一窥平安时代日本的色彩世界。

《延喜式》中的染织技法

平安迁都后历经了100年的时间，朝廷为了加强以天皇为中心的律令国家体制，在法令的整备及施行、详细条文的记录及颁布方面倾注了很大的力量。按照醍醐天皇的命令，于延喜五年（905年）开始编纂《延喜式》，并在之后的60余年间施行。全五十卷的内容，作为宫中仪式、庆典、制度方面的依据，在之后的朝代中也依然得到了重视。

其中与染织相关的第十四卷“缝殿寮”十分重要，有与当时的衣装缝制管理部门相关的记载，在其中的“杂染用度”一项中，列出了30多种色名以及与染制这些颜色所需用到的植物染料、用布，以及木灰、醋等的助剂。这些内容流传至今，与“正

注释：

[1] 大和绘，日本本土的民族绘画，以日本的题材、方式和技法制作，与当时流行于日本的中国风格的唐绘相区别。

仓院文书”一同为古代日本染织技术的研究发展发挥了重大的作用。

从《延喜式》中首先来看被视为最尊贵的颜色的深紫色的染色法，有“深紫绫一疋，绵绸、丝绸、东絁亦同。紫草卅斤，醋二升，灰二石，薪三百六十斤……”的记载。绫一疋，指的是一疋[1]白底绫地的绢布。从《延喜式》第三十卷“缝部司”中能够得知，一疋的规格是“长四丈，宽二尺”，指的是长约16米、宽约60厘米的布。将这一尺寸的布染成深紫色，另外备注中提到也适用于绸、絁，需要用到紫草根15千克，约为现在的18千克（四贯八百匁[2]）。用米制成的醋二升，灰二石，虽没有明确指出，但推测应该是椿木灰或柃木灰。薪，应该是为了提高染液的温度。

染制深紫色

如果在我的工坊染制这一颜色，以工坊规模为基础，实际操作如下。

首先，第一天，备好绫地绢布。将1.5千克紫草根（紫根）在水中浸泡一段时间，使其充分吸水。30分钟后倒入石臼中用杵捣碎。将捣碎的紫根装入麻布袋中，在水中揉炼，析出色素。将这一过程重复两次，待紫根中的紫色色素全部析出后，用滤水

注释：

[1] 一疋，同一匹。
[2] 匁，日本古时重量单位，“两”的简写字，1匁约为3.75克。

箩（筛子）过滤，得到染液。将绫布放入染液中浸染，此时染液的温度保持在40~50摄氏度。在染液中浸染30分钟，放入另外的水缸中仔细冲洗。

接下来是媒染。采摘椿树上的新鲜树枝与树叶，放置两三日后燃烧，将所得到的白色木灰保存起来。在染色开始前的几天，将木灰放入热水中充分搅拌，使木灰成分充分溶出，所得到的上清液（灰汁）中含有的铝成分可使紫色显色，也就是发挥媒染剂的作用。将椿木灰的灰汁溶于水中制成媒染剂，将在紫根染液中染色后经过充分水洗的绢布放入媒染剂中，缓慢搅动。大约30分钟后，放入另外的水缸中充分水洗。

这一紫根染色、水洗、媒染、水洗的工艺流程重复多日，要染出“深紫色”，至少要在我的工坊里花费5~7日的时间。当然，每天都需要重复地从早上开始将紫草在石臼中捣碎、揉炼的过程，从《延喜式》中的记载来看，15千克紫草分6日使用。也就是说，一日用量约为5斤，大约1.5千克。按顺序依次使用。

《延喜式》中如此记载了30多种的染料并附记了其他的材料，但染色流程及要点等的内容并不十分清晰。不过，我的工坊在每天使用这些植物染料染色的经验中逐渐能够读懂其中的含义了。《延喜式》中列举的植物染料，是否已经是当时所用到的植物染料的全部了呢？我想并不是这样。当时应该有更多的植物可以用来染色，《延喜式》应该只是收集了当时重要的且具代表性的染色植物，作为宫廷仪式、庆典中调配衣装时的根据。

色名的变化

从《延喜式》中有关染色材料等的记载，加之法隆寺、正仓院里流传至今的大量的染织品来看，日本的染织技术在奈良时代的全盛时期染色法已经十分成熟，在那之后经历了约一个半世纪仍维持在较高水平。

在这一背景下，宫廷贵族们在日常生活中的衣装色彩就显得十分华丽。

在颜色的命名方面，也掀起了一股很高的浪潮。“正仓院文书”、《延喜式》等从奈良时代至平安时代初期的文献中，色名大多是官阶的紫、青、红、黄、白、黑等直接表达，以及红、刈安、胡桃、橡色、苏芳等以染色材料命名，而桃花褐之类的色名也只不过是通过植物的花的颜色来命名的。

然而，在《古今和歌集》等的诗文中，“深染樱花色，花衣引旧思。虽然花落后，犹似盛开时”（纪有朋），描写的是春天的樱花。“红叶盛放龙田河，渡时宛若在锦中”（未名），将龙田河上红叶盛开时的情景比喻成了一幅锦，将四季中竞相绽放的花朵的色彩或山间草木渐渐变化的颜色，命名为色名的情况十分常见。假名文字的发明、31字和歌的吟诵、物语及随笔的著成，背后的原因在于人们内心之中对于如何将自然界中的花草树木时刻变化的颜色在诗歌、文章中表现出来，如何将这些变化、关心体现在衣装、书信以及幔帐等日常用具中。

表现四季的色彩——袭的配色

以《延喜式》中的染织技法为背景探究平安时代的色彩时，能将这一时代的特点表现得更为充分的，是女性所穿的名为“袭”的服饰。从正仓院留存下来的服饰及绘画等可以看到，在那之前的时代似乎更多的是曲线剪裁的服装，而在迁都平安京后约一百多年的时间里，逐渐演变为如同现在的和服一样采取直线剪裁的形式。特别是贵族女性，在穿着打扮方面十分用心，以俗称十二单的女性装束为例，她们将多件单衣重叠穿在身上，十分华美。

在多领叠穿的服饰上，在衣襟、袖口、裙裾等处出现了和谐的渐变色，单领服饰的反窝边处（裙裾、袖口等能够稍微看到衬里的部分）稍稍可见的里外颜色的对比，上方重叠着的轻薄通透的由绞经织法织成的络织物罗、纱、絽，以及由未经练制（在灰汁等之中蒸煮使之变软）的生丝制成的平纹丝绸等的薄纱，在光线透过时形成微妙的色调，表现出了各个季节竞相开放的花朵的色彩以及树叶的颜色，令人回味无穷。服饰自不必说，这种配色也用在用来染色的怀纸和原料纸，室内用作隔断的幔帐、竹帘等日常用具之中。

宫廷女性的装束

平安时代的女性装束中最为正式的服饰，最外侧为唐衣与裳，其下为表着与打衣，其下为袿（五衣）的叠穿服饰，最内侧是不加衬里的单衣与袴（参照本章扉页）。

在宫里或者私宅中的日常穿着，基本是在袴上加单衣，再在外面叠穿袿。袿原本是红色的，也称为红袿、绯袿，也有其他的颜色，比如青少年穿深色，乔迁新居时穿白色，丧事时穿萱草色（类似于橙色）。袿包含有内衣的意思。几件叠穿时，衣襟、袖口、裙裾处别出心裁的配色惹人注目渐渐固定为五领叠穿的形式，也被称为“五衣”。随着时代的发展，逐渐演变为仅在衣襟、袖口、裙裾等外露之处做成五领重叠的形式。稍显正式的场合，会在袿的外面再穿一件袖长和衣长都比袿更短的袷衣[1]。有时，可能还会在袷衣之外穿上唐衣或细长[2]。

从外至里的服饰的颜色搭配，通过穿在外面的服饰的尺寸适当减小，使得袖口、衣襟、裙裾、裙侧处形成一层一层的小幅度错位，各层服饰的颜色和谐地重叠在一起。

女性的唐衣、小袿以及男性的袍、下袭等的袷

注释：

[1] 袷衣，同夹衣。
[2] 细长，平安时代服饰名称，贵族少女盛装时穿在外面的衣长、袖长、裙裾较长的服饰。

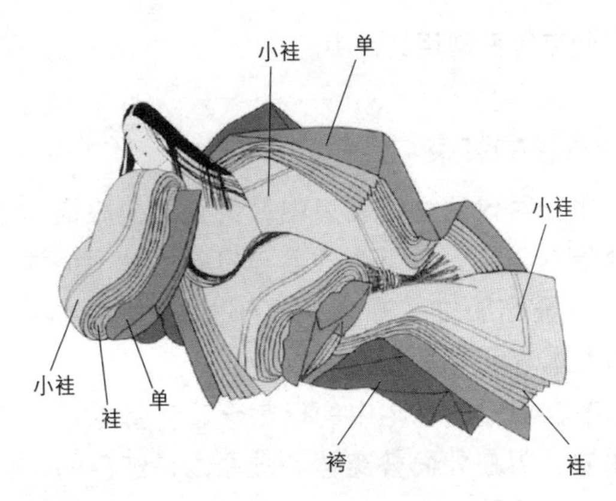

小袿样式（日常服饰）。出自《日本颜色辞典》（紫红社，2000年）

衣，是通过各自里外侧的颜色而形成袭的配色的。里面叠穿的几件小袿，则是整体上搭配出由浅至深的渐变色，细看之下每一件袿的里外侧的颜色都是不同的，这就形成了袭的配色。

袭的配色色调

我将袭的配色的色调构成法（颜色重叠方式）总结如下。

匂[1]：原意为色泽鲜艳的、美丽的、惹人喜爱的、优雅的事物，用来表现华丽性，香气、光线等的高雅之物。“匂”用在袭的配色中有两层含义，一种情况指的是深色与浅色所形成的对比效果，一

注释：

[1] 匂，同“匈”，意为香味。

种情况指的是同色系的深色与浅色搭配形成的渐变效果。

薄样：与“匂”近似，指的是由外至里、由浅至深，按顺序重叠而形成的配色；或指为使里层的深色显得较浅，而在最外层重叠两层轻透的白色的配色效果。“薄样”这一名称来源于它的本意，指的是像雁皮纸一样较为薄透的和纸，或者是来源于絽、纱、罗之类的轻薄织物的名称“薄物”。

裾浓：指同色系颜色的重叠，最外层颜色最浅，越接近里层颜色越深。这种配色也适用于缝制盔甲时为显威严而采用的颜色搭配。

村浓：也写作“斑浓”“业浓”，指同色系的颜色在某一处深浅混合。

于女里：指袷衣的袖口、裙裾处的衬里向外卷起形成的反窝边。

如上所述的袭的配色，即便是同一个名称，也会因为所用之人的不同而出现不同的色调效果，这是毋庸置疑的。依据四季二十四节气七十二候，一年时间被划分为四五个周期，可以欣赏到风花雪月不同的景色。由此而来的感悟会反映在每一个人的服饰及日常用具当中。与吟诵诗歌、撰写物语一样，将在季节变换中产生的感悟表达出来，是有教养的贵族们不可或缺的一项技能。

日常生活中自不必说，在宫中的大型节庆、仪式等的正式场合，或受邀参加宴会时，宫廷的人们竞相抒发着他们的心得感悟，同时也是华丽的衣饰色彩的一场竞演。

穿着多彩的服饰

在谈论宫廷里人们的色彩感时，人们更多地倾向于认为色名与袭的配色是与季节相结合的各自固定的形式，但是我认为，除去官阶的规定之外，当时的人们或许更多地是参照山间或庭院里盛开的花朵而自由配色、穿着的（以下参照彩色卷首图）。

关于袭的颜色，以古代文献中的樱袭为例，《胡曹超》中有“表白、里赤花”的记载，室町时代的一条兼良所著的《女官饰抄》中有“小袿为苏芳，表衣为红梅（表红、里苏芳），五衣为樱袭”的记载。这些记载均为平安时代末期至中世、近世，在宫廷就职的官员们经研究后作为有职故实[1]而规定下来的。这些内容被视为严格的服饰规定，后来一直被用作古典文学的解释、解说。不过，举例来说，在樱花盛放的季节里举行“樱花宴”时，大致地位相同的女性们是否会身穿如同制服一般的完全相同的樱袭参加宴会呢？应该不会如此的。可以想象，她们为了表现美丽的樱花，会基于自己的感悟，穿上在配色及质地方面花费了很多心思的衣饰。或者也许会稍微提前一些穿上山吹（表淡朽

注释：

[1] 有职故实：也叫有识故实，意为做事必问遗训，而取其对者之意，即日本历代朝廷公家、武家的法令、仪式、装束、制度、官职、风俗、习惯的先例及其出处的研究。

叶、里黄）之袭、柳（表白、里萌黄）之袭，带来一抹青绿色，从这些衣饰的颜色，大致可以看出宫廷人士的心理。总之，宫廷人士将花草树木之美看在眼里，便以诗歌赞美季节，并将其喻为颜色的名称。

樱

《源氏物语》中的颜色

紫式部的《源氏物语》中，就以“紫”这一颜色作为故事的主旋律。

首先，作者的名字为紫式部。主人公光源氏的母亲名为桐壶更衣，父亲名为桐壶帝。桐树在阳春时节会开出紫色的、带有斑点的花。桐壶更衣去世后，藤壶宫受到了天皇的宠爱。不必说，藤花也是紫色的。御所内的后宫中有多座殿舍，宫里的人们有时也会按照庭院（壶）里各自种植的植物，来称呼殿舍及住在其中的主人。桐壶的庭院称为淑景舍，藤壶的庭院称为飞香舍。

后来，在“若紫”一帖中，光源氏遇到了心中所爱，即藤壶宫的侄女，也就是他最爱的紫姬。纵观整本物语，“紫”这一颜色一直有意识地贯串在故事中，可以看出紫式部的文采，在色彩的表现以及构成和式美的基础的四季变幻方面，有着敏锐的洞察力。

穿着山吹[1]的幼女

还是从“紫姬”一篇来看。在此篇中，首先描绘的是光源氏患上“疟疾”，在北山附近的寺庙中接受治疗的情景。

时值农历三月末，京城内樱花已谢，山中樱花仍旧开放。光源氏治疗结束后，眺望附近的僧房，篱墙边一座风雅的庵房映入眼帘，有几个天真的小女孩在那里玩耍。随从中有人曾四处看过，回报说“均为垂发姬，也有少女及稚发女童”。光源氏在日暮时分靠近篱墙边的庵房察看：

有两位眉清目秀的中年侍女，旁侧有几个正在戏耍的女童走进走出。其中一个女童，年约十岁光景，穿白色衬衣上罩山吹外衣的寻常衣着，向此处跑来。女孩长相清秀脱俗，甚是可爱。

光源氏从篱墙边看去，女童们在院子里来回跑动玩耍，其中有个10岁左右的女童，向着光源氏立身处跑来。她虽然衣着普通，不知为何却气质脱俗。光源氏心想，这女童长大后必定容貌出众。

这名女童因为另一个名为犬君的女童放走了养

注释：

[1] 山吹，棣棠花，金黄色。

在笼子里的麻雀，而哭泣不止。“穿白色衬衣上罩山吹外衣的寻常衣着”，意为穿着白色内衣（较短的褂子），外面套着山吹色的汗衫（主要指女童穿的上衣）。在此篇开头讲到，京城中樱花已谢，因此应该是山吹开花的季节。

《古今和歌集》中有诗云，“着物色艳丽，山吹花色此贵服，欲知彼主谁。纵虽探问无答生，盖是栀子无口乎”（素性法师）。这首诗将山吹花比作轻轻脱下的衣服，黄色的华美衣服啊，想问一问你的主人到底是谁呢？却没有得到回答。大概是因为这黄色是用栀子的果实染出来的，而栀子无口，便不会回应了[1]。

如同诗中所言，将栀子果实蒸煮后用来染色，再用苏芳染色，便加入了红色的色调，成了与山吹花相近的颜色。用作袭的配色时，再加上青茅或槐花等染出深黄色，比较适合。“若紫”一篇中出现的女童，虽然身穿普通衣物，却十分“合时”，即身穿与季节相符的衣物。后面才知道，女童是藤壶宫兄长之女，这里暗指这名女童是富有教养的良家女子。光源氏将这名女童带回二条院，待其成年后与其成婚。

注释：

[1] 此处的缘由为，日语中“栀子”与“无口”的发音相同。

樱之袭

再来看一下“花宴”一篇中光源氏的装束。

2月20日过后，桐壶帝于南殿，即紫宸殿中左近的樱花树前举行宴会。当夜，光源氏思慕藤壶皇后，欲与其相见，彷徨中遇到胧月夜，结下私情。其后一月余，右大臣在家中举行藤宴。此时樱花尚有残余。当日光源氏的装束，书中是这样描写的：

樱花之唐风绮地御直衣，葡萄染下袭，长衣飘然而至。公子从容入座，风采卓尔不群。见得这般，众皆肃然起敬，樱花之色顿减，似已难诱众人之兴。

光源氏见樱花尚有残余，便穿上了樱袭装束，即外层为白色、里层为苏芳色或深红色的直衣。唐风绮地，指的是使用未经炼制的生丝织成的薄绸，即生丝制品。这种薄绸是一种富有透明感的丝绸，光线透过时，里面的苏芳色或红花色的深红色看上去就变成了淡淡的樱花色。其他人因出席右大臣的家宴而穿着正式的袍衣，而光源氏则穿着贵族男性日常所穿的直衣，装扮优雅。下袭的颜色为葡萄染。此处的“葡萄”指的是山葡萄，葡萄色指的是淡淡的、带有红色的紫色。

进入深秋季节之后，山葡萄的果实成熟，呈现出黑紫色，葡萄紫这一色名应该就是来源于山葡萄的汁液的颜色。

有的说法认为，葡萄紫就是使用山葡萄的汁液染色的，然而我认为这种说法是不成立的。《延喜式》中记载有“葡萄绫一疋，紫草三斤，醋一合，灰四升，薪四十斤”。醋指的是米醋，用于带有红色的、紫色的显色，灰是使用椿木或柃木的生木燃烧而成的灰，薪用于染色过程中提高染液的温度。

葡萄色是宫廷人士喜爱的颜色之一，清少纳言也认为是“受青睐之色”，提到了“葡萄染织物”，并写到“六品以上宿直均为紫色”，正因为穿了紫色的葡萄染指贯[1]，使宿直看上去更有魅力了（《枕草子》第八十八段）。

不过，我认为在“花宴”的场景中，光源氏的服饰中“樱”色的直衣指的是山樱花的颜色，而葡萄染下袭则是刚刚长出的嫩叶的颜色。原因是，到了春天，山樱花的叶子比花更早萌出，刚刚长出的新叶呈现出紫红色。

关于苏芳色

在“赛画”一篇中，光源氏从隐居之地须磨·明石回到京城，他成为冷泉帝，即他与藤壶宫所生的儿子的近臣，为获得权势而不断筹谋。

注释：

[1] 指贯，一种裤腿肥大，裤脚有束带的和服裤，贵族着直衣或狩衣时穿用，或在着正“束带”的衣冠、布裤装时穿用。

他过去的恋人是六条御息所的女儿，以斋宫的身份去往伊势，如今已经回京，入宫侍奉冷泉帝。这位斋宫女御也就是后来的秋好中宫，她很擅长绘画，以此打动了有着同样爱好的冷泉帝。对此，昔日头中将（现已成为权中纳言）的女儿，同受冷泉帝宠爱的弘徽殿女御也不甘示弱，热衷于与其对抗，在宫中掀起了绘画评比的风潮。

在此情形下，按照光源氏的提议，宫中举行“赛画”，即将各种各样的画作带入宫中，由冷泉帝判定画作的优劣。这一情节与史实相近，应该是以村上天皇时代天德内里的赛歌会为依据创作的。

赛画于农历三月举行。斋宫女御及光源氏为左方，弘徽殿女御为右方。

左方之画置于紫檀木箱内，下有苏芳雕花台座。上铺紫地唐锦，下铺葡萄染唐绮。女童六人，身穿赤色樱袭汗衫，内衬为红底藤袭织物。神情相貌，傲然不群。右方之画置于沉香木箱内，下为嫩沉香木桌台。下铺青丹高丽锦，桌台边扎台布的丝绦及桌脚雕花华美独特。旁侧女童身穿青色柳袭汗衫，内衬为山吹袭。双方画箱均抬至御前。宫女各立前后，分属左右两方。

女童负责搬运装有画作的箱子，并将画作打开放在桌面上。左方女童的服饰为，红色外衣上穿樱袭汗衫，外衣里面的内衬是红底藤袭（表浅紫色、里嫩黄色）织物，右方女童的服饰为，青色外衣上穿柳袭汗衫，山吹袭内衬，她们的装束十分“合时”。

苏芳原木

另外，在此段的开头，左方的画作放在一个十分高级的紫檀木箱中，放置木箱的桌子有“苏芳雕花台座”。这里的“苏芳雕花台座”，在《源氏物语》中大多解释为用苏芳木雕刻的台座，不过这是不太可能的。原因在于，苏芳并不是那种适合制作桌子的较粗的、质地坚硬的木材。这里所说的苏芳雕花台座，应该与正仓院宝物中的“黑柿苏芳染银绘如意箱”相同，是将黑柿木染成苏芳色后用金银泥描绘图案的。

苏芳是豆科树木，芯材含有红色色素，分布于热带、亚热带地区，因此自古以来日本都是依赖进口的。正仓院里有作为药物保存下来的苏芳，此外也有用苏芳染色的和纸留存了下来。

用于染色时，首先将苏芳芯材煮沸，提取色素。再将丝或布放入色素析出的溶液中浸染，在放入用明矾加水制作的媒染液中使之显色。从桃山时代至江户时代，这种染色方法也经常用于小袖及能剧服饰的染色，不过，如同“苏芳醒色”这一名称所言，这一方法染出的颜色十分易褪，留存至今的染织品大多已经褪变成了茶色。另外，苏芳如果用铁剂作为媒染剂的话，会染成紫色。用紫草根染色的紫根染色法，工序烦琐且价格高昂，因此在江户时代，用苏芳染制紫色的方法十分盛行，相对于紫根染色法染出的“本紫”，这种方法染出的紫色被称为“似紫”。

在赛画的场面中，用作铺垫物的是紫锦或从高丽王朝进口的锦织物，这些用具与华丽的画作相比也毫不逊色。皇宫中极尽奢华的情景似乎浮现在了眼前。

分送衣物的场景

对于宫廷人士来说，无论华美的盛装还是日常服饰，都是与季节相匹配的，更不要说在特殊的仪式上。根据出席时间与场所的不同，也要穿着与之相对应的服装，这是非常重要的教养，不过，在经济方面，这些服饰可能价格不菲。那么他们又是怎样得到这些服饰的呢?

从《源氏物语》“玉鬘”一篇中可窥知一二。讲到宫廷色彩与服饰时，不可或缺的便是这一著名的“分送衣物”的场景。

至岁暮，源氏令玉鬘与诸夫人同等待遇，置备新年装饰及服饰。源氏推度，玉鬘虽天生丽质，却仍存旧习，应送些乡村衣物。织工竭尽所能，织成诸多绫罗绸缎。源氏见那绫罗绸缎制成女衫、礼服，琳琅满目，便对紫姬道，“花样繁多，分送众人时，须按其愿也”。紫姬便将御匣殿[1]所制衣物及自宅所制衣物全部取出分送。紫姬擅长于此，色彩调配、衣料染色皆精良……

到了岁末，天皇自不必说，贵族中身居高位者，也有着向身边的女性分送衣物的习俗。光源氏也置备了各种各样的与其身份相符的衣物。看到堆积如山的衣物，他也感慨于衣物数量之多。所谓御匣殿，指的是掌管宫廷衣饰的机构，与缝殿寮发挥着大致相同的作用，不过自平安时代中期起，御匣殿的职能似乎变得更为重要。除御匣殿制作的衣物，还有紫姬在府中制作的衣物。如同文中所述，紫姬似乎在衣物的色彩调配及染色方面十分擅长，在府内开设了染织工坊，自己也亲自做指导。

观捣场[2]呈送之衣物，择浓·赤者，分送众人……

捣物，指的是用砧，即木槌捶捣后发出光泽的织物。“浓”的后面省略了“紫”字，指的是高贵

注释：

[1] 御匣殿，负责缝制、藏放天皇衣物的女官机构。
[2] 捣场，用砧捣布料，使之富有光泽的工坊。

的深紫色的衣物以及艳红色衣物等奢华服饰。当然，一定也为这些衣物准备了衣箱或衣柜。

衬托气质的服饰

光源氏与紫姬看着这些衣物，展开了如下的对话：

紫姬说："每一件衣服都十分华美，但请考虑到衣物与所穿之人的气质，再分送给她们适合的衣物吧。"对此，光源氏问道："那就从服饰的颜色上想象人们的气质与容貌吧，你应该穿什么颜色的衣物呢？"紫姬含羞答道："光是自己照镜子的话无法决定，还是你来帮我挑选吧。"

送与紫姬者，为红梅色浮织纹上衣，葡萄色小袿，今样色袿；送与明石小女公子者，为樱花色细长[1]，及表里均为艳红色的衫子；送与花散里者，为浅缥色海赋纹，织工精良，色彩稍暗，另有红色搔练袿；送与玉鬘者，为艳红色袿，山吹袭细长。紫姬只作不知……送与末摘花者，为柳色织物，上有藤蔓花纹，散乱却雅致。源氏心笑，衣与人不符。送与明石姬者，为梅花折枝、飞鸟蝶白色浮织纹的唐风礼服，及浓色衬袍。紫姬由此推量，明石姬定然卓尔不凡。

注释：

[1] 细长，平安时代服饰名称，贵族少女盛装时穿在外面的衣长、袖长、裙裾较长的服饰。

光源氏为紫姬挑选的，是有着华丽浮织纹的葡萄色小袿与今样色袿。如同前面提到的，葡萄色是使用足量的紫草根染出的高贵的、象征权位的颜色。所谓今样色，指的是当时的流行色。平安时代的今样色，是用红花反复染制出的带有光泽的红色。紫姬果真是光源氏最爱的人，送给她的是最昂贵且最具品位的衣物。

光源氏送给唯一的女儿，由紫姬生养的明石小女公子的，是“樱花色细长”，应该是表层为白色透明生丝绸缎，里层为苏芳色或深红花色的樱袭。若为樱袭，则使用的应是未经炼制的生丝织成的透明的丝绸，里层采用苏芳或红花染出的浓烈的红色时，就变成了浅红色，看上去特别像是樱花盛开时的浅红色。

送给住在夏之御殿的花散里的，是“浅缥色海赋纹”。有关缥色，在《延喜式》中有“浅缥绫一疋，蓝一围，薪卅斤”的记载，同属青色系的浅蓝色也有“浅蓝色绫一疋，蓝半围，黄檗八两”的记载。缥色仅用蓼蓝即可染出，用英语应表达为“blue”，不过同属青色系的“蓝色”，则需在用蓼蓝染色后再加入少量黄檗的黄色，因此我想这种颜色应该带有一点绿色。织物上的海赋纹样，描绘的是海浪及松藻、贝壳、岩石、松原等海边的景色，另有一件红色搔练袿。搔练，也写作皆练，原意为将在木灰水中炼制的较为柔软的丝，放在砧板上捶打，所制出的富有光泽的绢布。不过在平安时代，指的是用红花染出的红色。

送给住在西厅的玉鬘的，书中记载的是“艳红色袿”，因此可能是用日本茜草或红花染出的较浓的红色，颜色较为艳丽，另有一件山吹袭衬袍。山吹袭，是里外两层叠穿的、用栀子染出的带有红色的黄色套服。

对于任何事物内心都不会涌起波澜的末摘花，光源氏送与她的是柳色织物，表层为白色，使用的是前面提到的富有透明感的生丝绸缎，里层为绿色。因此从外面看上去如同柳叶被风吹得翻转过来一样，产生了一种柳枝随风摇摆、柳叶的表面与反面都浮现在眼前的效果。

送给住在北厅的明石姬的，是白色小袿，及“浓色”衬袍，这里的“浓色”，指的是深紫色，十分华丽，无比高贵，气质超群。

何谓钝色

送与空蝉尼君者，为青钝色织物，款式优雅，另选栀子色御衣，外加淡红色女衫。凡送衣物均附信一封，令其于年节时着此衣物以便光源氏鉴赏“人与衣物是否相符”。

送给年事已高、出家为尼的空蝉的，是青钝色的织物。所谓钝色，是用栎木、矢车等树的果实煮水浸染后，为使色素附着在布或丝上，如前所述，放入含有铁成分的溶液中染出的墨色。平安时代，这种服丧时所用的颜色被称为“钝”，在“葵姬”一篇中，光源氏在正室葵姬去世后，“着浅黑丧服，如置身梦中，胡思乱想道，‘若我先她而去，她必定身穿深黑色丧服吧’”。服丧中的光源氏身穿钝色丧服，他想，如果是自己先去世的话，葵姬应该会穿着颜色更深一些的丧服吧，场面十分悲伤。那时的习俗是，如果妻子去世，丈夫要守丧3个月，而如果丈夫去世，妻子要守丧一年，且须穿深色丧服。这里的“钝色”，越是近亲则墨色越深，越是远亲则墨色越浅。

所谓“青钝”，是在染钝色之前先染上蓝色，以蓝色作为底色，选取这种颜色的衣物送给削发为尼的空蝉，可见光源氏的用心。光源氏从自己的衣物中挑选了一件栀子色（大概是用栀子果实染出的，带有红色的黄色）的御衣，以及聴色，即并非深紫或正红等的禁色，而是类似于一斤染[1]的淡红色衣衫，分送给各位女士，并在衣物中附有一封信，希望她们在同一天，即元旦日穿上这些衣物。

元旦装束

在接下来的“初音”一篇中，描写了元旦日的傍晚，光源氏向六条院里的诸位佳人拜年的情景。

注释：

[1] 聴色、一斤染，均为淡红色的古语名称。

源氏与居住在夏之御殿里的花散里如今毫无嫌隙，关系十分亲密，他轻轻推开室内隔断的帷屏，向里望去。“缥色，色彩疏淡娴静”，虽然并不是艳丽的色调，但看上去与其年龄、体貌十分匹配。他们谈了过去一年发生的事情，之后便到西厅玉鬘处去了。

玉鬘本就玲珑娇美，此刻穿上源氏上次所赠的棣棠色衣物，更是玉颜仙姿，直教人流连忘返。后面作者在文中写道，源氏原本仅将玉鬘当作女儿看待，见此情景似乎有些难以自持。

傍晚时分，源氏来到居住于北厅的明石姬处。明石姬并不在房间里，砚台旁边散落着许多稿纸。旁边铺了一张由中国传来的织锦茵褥，上面放着明石姬爱用的琴，熏香香气袭人。后来明石姬回到房中，身穿源氏所赠的白色小袿，艳丽的黑发披在衣服上，愈加风姿绰约。源氏虽觉难以面对紫姬，但当夜还是留宿在明石姬处。

几日之后，源氏来看望居住在二条院的末摘花。末摘花的一头黑发从前浓密艳丽，如今却也生出些许白发，源氏竟有些不忍正面看她。她身穿黯淡无光的黑色外衣，源氏叹道：“细软衣物不妨多穿几件，衣衫单薄令人疼惜”。源氏所赠的柳色衣物似乎并不相称，看她衣衫单薄，源氏心里有些难过，遂遣人打开二条院所藏，送给末摘花许多绫绢之物。

源氏也去探望了尼姑空蝉。虽是佛殿，却也雅致清幽，一应陈设优美精致，令人感受到空蝉与众不同的气质。空蝉独自坐在一面青钝色帷屏之后，唯现一只栀子色与淡红色相间的衣袖，令源氏凄然。二人静静对坐，仅作言语交谈，往日情谊难以割舍。

今样色与红梅色

在平安时代的诗歌及物语中多番描写的各个季节里山野间的魅力色彩，都用到了十分优美的文字，与此同时，颜色的名称也出现了各种各样的表达方式。在此，我们试着就宫廷文学中出现的色名做一些分析。

首先，是《源氏物语》“分送衣物”的场景中出现的“今样”这一色名。所谓“今样”，如同字面所见，是现下流行的意思，用在颜色的表达中，就成了流行色的意思。

今样色常常出现在平安时代的物语及随笔中，室町时代写成的有职故实《胡曹抄》中，也有“所谓今样色，红梅色浓者也”的记载。其他著作中，有“意为淡红色、聴色”的记载，众说纷纭。对于这两种说法，我都不认同。我认为今样色并非聴色，即淡红色，原因在于前面提到的分送衣物的场景中所示。

光源氏与紫姬一同挑选分送的衣物时，赠予紫姬的，是“红梅色浮织纹上衣，葡萄色小袿，今样色袿……”。从这一场景来看，他将今样色送给了最为心爱的女人。因此，今样色应该与身份低微也可穿着的淡红色的一斤染、聴色不同，而应该被列为禁色的、色调较深的红色。

另外，对于《胡曹抄》中与红梅色相同的说法我并不认同，原因在于，在分送衣物的场景中，红梅色与今样色两种颜色都出现了，作者紫式部将两种颜色区分得十分明确。我认为，今样色是比中等浓度的红色略深一些，并且不带有栀子等的黄色，应该是用红花染出的红色。总之，若是流行色，那么应该就是红花染的红色，宫廷人士对于红花这一艳丽的色彩十分钟爱。朝廷为减免奢华浪费，常常发出禁令。前田千寸氏所著的《日本色彩文化史》中与此有关的内容简要概括如下：

延喜十四年（914年）政府发出禁令，红花一斤染绢一匹所成的火色（深红色）被禁，或许因为禁令效果不强，之后这一禁令又重发了几次。一位名为三善清行的文章博士[1]甚至将红花染色的费用与稻作的收成做了细致具体的比较，以诫勉奢靡浪费。不过，藤原基经就任关白太政大臣后，即所谓的摄关政治[2]兴起后，与这些禁令背道而驰，逐渐开始崇尚奢华。在进入自负月满无缺的藤原道长及藤原赖通主导的藤原氏全盛时期后，这一倾向愈加明显。一个事例就是，藤原实资在日记中曾记载道，在万

注释：

[1] 文章博士，728年设置的大学寮教官。
[2] 摄关政治，日本平安时代中期的政治体制，具体指藤原氏以外戚地位实行寡头贵族统治的政治体制。

寿四年（1027年）的贺茂祭上，藤原赖通不顾朝廷颁发的禁止奢靡的禁令，仍然针对负责取缔奢靡行为的检非遣使，向东宫即太子的使役、良赖的随从发出了必须追责的命令。那20名随从身穿的红捣粑别具一格，其华美程度远超旁人。

麹尘

平安时代使用的色名中，有一些名称的色调及染色方法，时至今日仍然无法做出明确的解释。麹尘就是其中之一。麹尘的意思是曲霉属菌，颜色类似于在绿青中加入少量暗色的抹茶粉混合而成的、不可思议的、具有魅惑性的颜色。平安时代中期，一位名叫源高明的官员，写了一本有职故实的著作《西宫记》，其中写道，“麹尘与青白橡为一物”。这里的“橡”指的是橡实，从文字来看，应该是夏末还留有青色的橡实。准确地说应该是青色中带着少许暗淡的黄色。比《西宫记》早一百年写成的《延喜式》中，有“青白橡绫一疋，刈安草大九十六斤，紫草六斤，灰三石，薪八百卅斤”的记载。用植物染料可以染出绿色系的颜色，通过在蓝色染料中加入黄色染料制得绿色，这种方法在世界上染织业发达的地方都能看到。然而用紫色与青茅的黄色混合的方法却并不常见。不得不说，这是日本进入平安时代之后出现的一种特殊的颜色。

这到底是一种怎样的颜色呢？我在我的工坊里

按照《延喜式》中的记载试着重现了这种染色方法。青茅采集自滋贺县东部的伊吹山。紫草根是从京都府福知山精心栽培的农人手中购得的。灰三石，是采用椿木、柃木等山茶科树木的生木燃烧而成的木灰。其木灰中的铝成分，自古以来就被用于紫草及青茅等的显色。向木灰中加入热水，放置一段时间后木灰中的铝成分溶于水中。将紫草根在钵中捣碎，填入麻布袋中，放入少量水中揉搓，提取出色素。将提取液放入50摄氏度左右的水中制得淡染液，将绢布或绢丝放入其中浸染。约30分钟后取出放入木灰水中同样浸染30分钟左右，使颜色固定下来。重复进行这一过程，细细观察能够看到紫草染液中的紫色带有一点儿红色，而椿木灰水溶液则是带有一点儿青色的紫色。此时，当椿木灰水中带有青色的、紫色的色调显现得恰如其分时，取出放入青茅染液中，之后再放入椿木灰水中，交替进行几次后，就染出了素淡的绿色，这就是麴尘的颜色。

禁色的魅惑

这种不可思议的颜色为何能被天皇采用，并且成为高贵的禁色呢？或许是因为，用此方法染出的颜色，在室内弱光环境下看上去是浅茶色，而在明亮的阳光下则显现出耀眼夺目的绿色。在群臣并列的紫宸殿前，天皇从御帘后面现身，浅茶色在阳光的照耀下变为绿色，殿前众人一定会目不转睛地向这神秘十足的颜色看去。在光线的衬托下，麴尘色演变成了一种具有魅惑性的色彩。

不过，关于这一色彩的考证，自古以来就一直存在着各种各样的争论。

《源氏物语》“航标”一篇中，源氏去往住吉参拜的场景。众多官员随行、声威赫赫的源氏一行人等，各自穿着华丽考究的服饰，其中，“六位之中，藏人的青袍尤为引人注目”。在《源氏物语》的注解书中，大多将文中的“青袍”解释为天皇赐予的麴尘色的袍。这样解释的依据来源于室町时代成书的《河海抄》。但是，在我这样专业从事植物染色的人看来，很难认同这一观点。即使单独用紫草根染色，也是很有难度的工艺，何况要加入青茅反复染色，因此，染出绿色并非易事，必定是历经多次失败之后才染成的。这种颜色属于天皇以外的人等不可穿着的禁色，我认为不可能大量生产，也不可能轻易赐予。

绘卷中的衣饰与色彩

以现存仅有的资料考证平安时代的人们的生活情况时，最有帮助的莫过于过去的人们绘制的绘卷。成书于那一时代的《伊势物语》《源氏物语》等，成为贵族们在文化修养方面的食粮，不过，除了由文字书写的内容，为使其内容更加简明易懂，还同时创作了大量的以词书配合画面而成的、被称为物语绘卷的画卷。所幸的是这些绘卷留存至今，使得后人们能够通过详细观赏绘卷中描绘的人物的衣着以及建筑物等，一窥平安时代的色彩世界。

其中，以描写清和天皇贞观八年（866年）时期，大纳言伴善男发起的“应天门之变”的《伴大纳言绘卷》最为出色。这一绘卷本身是在事变约300年后的高仓天皇嘉应二年（1170年）绘制的，虽然经历了时代的更迭，但在考证平安时代中期至后期京都的贵族与平民的生活情况时，是绝佳的资料。

在接收到大内应天门失火的消息后，众人由朱雀大路向朱雀门方向急急奔走。朱雀门是歇山顶结构的二层房屋，绘卷中屋顶是淡青色，而这一时期较为重要的建筑材料——瓦，是绿色的琉璃瓦，这些细节得到了忠实的还原。柱子全部涂为红色，十分鲜艳夺目。画中描绘的人物多为穿着水干[1]的平民，衣物材质应该是麻布。颜色为褐色，没有花纹。还有一些人穿着的是型染或绞染的蓝色衣物。会昌门前，有朝臣、殿上人[2]，以及未获准进殿的低级别官员。其中有的人衣冠整齐、穿着黑袍，有的穿着用茜草染出的绯色衣物，有的穿着画面上呈现出深绿青色，即带有绿色的青色或缥色衣物。

注释：

[1] 水干，与狩衣相近，是平安时代平民服饰的一种。
[2] 殿上人，指旧时日本宫廷中服侍天皇的中级官吏。

庶民之蓝

继续仔细阅览《伴大纳言绘卷》，其中另外一处引人注目的是蓝色。首先，绘卷中描绘的群众当中，有舍人以及平民，包括穿着水干的男子、搬水缸的男子、牵马人等，看上去穿着的都是麻布质地的蓝色型染衣物。奈良时代曾经出现过的蜡缬染色技艺，随着蜜蜡进口的停止而中断了。到了平安时代，人们将米糊放在布上进行蓝染，放置米糊的部分防染后成为白色，也就是所谓的型染的技法，取代了蜡缬染色法。在这幅绘卷中能够看到多名平民身穿用此型染法染出的衣物。

在那一时代，木棉尚未传入日本，平民以麻布作为衣物的主要原料。此外，用藤布、楮皮等制成的太布[1]、葛布[2]、科布[3]等也有用到。在这些植物纤维上染色效果较好的只有蓝色或茶色系的染料。从这一点看来，可以说通过衣物的颜色便能分辨出人物的身份。

画面中有登上朱雀门的石阶、牵手逃走的男女二人。男子所穿衣物为蓝色型染衣物，而女子的衣物从画面上看应为蓝色绞染衣物（参照彩色卷首图）。此外还有穿着青色狩衣的宫廷侍卫，六品及以下的官员身穿缥色或绿色衣物，这些衣物用的也

注释：

[1] 太布，用棉以外的纤维织成的布。
[2] 葛布，用葛纤维织成的布。
[3] 科布，用日本椴树皮制丝后织成的布。

是蓝染技法，不过应该是丝绸质地。原因在于，蓝染技法的特征是，无论麻、木棉等植物纤维，还是丝绸、羊毛等动物纤维，蓝染技法的染色效果都很出色。

象征高级官位的黑色·丧事中的黑色

另外，关于贵族的衣饰，直至平安时代初期，圣德太子制定的冠位十二阶几经修订，规定了以紫色系的衣饰作为高级官阶的官员的衣饰。8世纪初期编纂的《养老令》中规定，第一品级为黑紫，第二、三品级为赤紫，第四、五品级为深绯，第六品级为深绿，第七品级为浅绿，第八品级为深缥。

黑紫和深紫，是通过染色次数的重复而染出的接近极限的深色，曾经一度是身份的象征。另外在《源氏物语》等书中，虽然从头至尾一直以紫色作为最尊贵的颜色，依然有着强烈的推崇紫色的倾向，但在官员的正式的礼服上使用的束带、衣冠等，是以第四品级以上为黑色，第五品级为绯色，第六品级以下为缥色为规定。这一规定是在村上天皇在位期间的天历年间（947—956年）制定的。平安时代或镰仓时代绘制的诸多绘卷中，例如《源氏物语绘卷》《紫式部日记绘卷》中，在正式场合中公卿身份的人物都是用黑色来体现的。染制这种黑色的原材料，从奈良时代起使用的是栎树的果实——橡果，也就是胡桃果。《续日本后纪》承和七年（840年）一项中有“天皇除素服者坚绢御冠橡染御衣”的记载，也是一个佐证。

此外黑色也是丧服的颜色，《荣华物语》有“宫中贵人皆着墨染之服，仍处丧期（天皇之丧），天下人尽如乌鸦般，如同四方山尽剩椎柴”。因为穿着丧服，所有人看上去都像乌鸦一般。将椎树的果实或加上树干煎煮制出含有铁质的液体，在其中浸染便能染出像橡果染出的墨色系一样的颜色，即浅墨色。宫中贵人都穿上这种颜色的衣服，令人感叹就像山上只剩下了一堆椎木一样。从《荣华物语》的记述来看，也有别的研究著作认为墨色染色材料从橡果转变成了椎柴，不过从我在工坊里进行的几次实验来看，两种颜色从色调上而言差别并不大，很有可能两种材料均被采用。《源氏物语》“夕雾”一帖中有“衣之色较浓，人人皆穿橡色丧衣，或着小袿”。

男性衣饰的颜色

自村上天皇时代起，朝廷的正装改为衣冠束带，也就是所谓的强装束[1]，第四品级以上全部着黑色。从前面提到的《伴大纳言绘卷》及镰仓时代绘制的绘卷等来看，男性人物的确穿着非常醒目的黑色。不过，细看绘卷的话，可以隐约看到黑色外衣

注释：

[1] 强装束，指的是平安时代末期后，坚挺的、直线剪裁的官员服饰。

内层穿着的正红色的下袭。黑色里面搭配红色，从现代的眼光来看，是十分大胆的配色，但在平安时代，男性的衣饰与女性的袭一样，是十分华丽的。虽然规定了第四品级以上穿黑色，不过从《源氏物语》的内容来看，实际生活中人们有没有遵守，我认为是存疑的。

例如，在“航标”一帖中讲到了源氏去往住吉神舍参拜的场景。光源氏独自隐居在须磨·明石时，遭遇了春天的沙尘暴，幸而得到海东的住吉明神的帮助方才获救。返回京城后，光源氏重新恢复了权位，去往住吉神社还愿。

深绿色松林中，官衫或浓或薄，如满地红叶樱花。六位中，藏人青袍尤为引人注目。那位赋诗“贺茂之瑞垣”表达恨意的右近将监，如今已荣升韧负，侍从前呼后拥，威势如同藏人。良清亦升任卫门佐，一袭红袍风姿优美，非比寻常。

在住吉河的深绿背景中行进的光源氏一行，红叶散落周围，景色十分壮丽。“浓”“薄”二字，是将后面的“紫”字省略掉了。

与其说是之前冠位十二阶中的紫色、绯色等级别较高的颜色重新流行起来了，不如说是第四品级以上用黑色的规定并未被认真遵守，在衣冠束带上也仍旧大量采用传统的较为艳丽的颜色。而狩衣、直衣等日常服饰，恐怕会采用更加多样的颜色。有红梅、樱花、栌红叶等，那是当今男性的西服以红黑、黑色、茶色为主的颜色所无法相比的华丽色彩。

三重襷纹样

大量的绘画资料中都出现过穿直衣的男性，那同时也是夏日里的穿着。例如，大阪四天王寺里流传下来的“扇面古写经”（国宝）。这是平安时代终结期，居住在京城中的贵族的收藏之物，扇形的册子上描绘有风俗画，其上抄写了法华经。各幅场景中描绘了平安时代的贵族的生活情形以及庶民的样子，是了解当时社会风俗的极好的资料。其上的法华经第一扇、第九扇“诵读诗书的公卿与少女”一图中，描绘的是七夕节的情景，诵读写在纸上的诗歌或物语的公卿，穿着三重襷[1]纹样的直衣，颜色为蓝色上加红花色，看上去像淡紫色。七夕是农历的七月初七，虽说是立秋后，却仍旧暑气未消，因此还穿着夏天的直衣。

衣物的调配

这些衣饰的原材料有绢丝以及名为“絁”的布、棉（那时日本还没有木棉，这里指的是丝绸质地的

注释：

[1] 襷，（jǔ），劳动时挽系和服袖子的束带。

真棉），以及麻、藤、葛等的布类，另外还有植物染料等的材料，全部是以实物缴纳的一种名为庸调的税赋。在那个时代，货币经济尚不发达，作为租庸调上缴给国家的物品会分配给贵族们。国家以这些材料为基础，分配给大藏省下属的织部司染色，或织成布后再进行分配。

贵族官员在宫中举行庆典或节会时，作为奖励会获得赏赐物，并会定期地获得以绸缎为形式的爵禄、俸禄。此外在京城的街市上，7条街东西方向的市集上，来自全国各地的物品都在这里买卖交易。其中也包括绢丝、布匹、染料等。在这里应该也能够买到所需的物品，并且可能反过来用收到的赏赐之物交换食物等。

可以想象，像光源氏一样既有权势又有财富的人，应该会获得很多华美的服饰和布料，也会轻易地将这些服饰和布料分发给女儿、恋人、身边的侍女或儿童等。

那么，这些来源能够满足女性们打扮自己的需求吗？应该是不够的。特别是织部司这一部门在平安时代中期之后并没有充分地发挥出它的功能。所谓大舍人，从字面的意思来判断，原本应该是宫中的值夜、御厨等人，之后也开始从事织、染色的工作。中间经历了怎样的发展过程尚不清楚，但在官阶较高的贵族家中，将织布机或染坊安置在自家的宅院里，能够自行缝制衣物。这些工作由大舍人承担，或者由他们协助，其中较为优秀的人，逐渐地独立形成了“座”。这是应仁之乱后形成的织物街西阵的雏形。

山吹花

平安时代的蓝染

蓝色，是植物染色中最为重要的染色材料，在全世界范围内，所到之处均被采用。除北极圈内身上裹着兽皮从事狩猎的人们，以及赤道附近因为太热不需要穿很多衣服的民族以外，可以毋庸置疑地说，在任何地方，都存在着蓝染。

关于传统的蓝染技法，我无法给出定论。若要回顾日本的蓝染历史，从中宫寺留存下来的“天寿国绣帐”，以及正仓院宝物中留存下来的大佛开眼时系在开眼笔上，一直牵引至大佛殿前院的“开眼缕”来看，可以明白其技术的完成度是很高的，但这些物品的染制过程是怎样的，却只能推测了。从文献上看，能够对蓝染技法进行深入探究的，是在平安时代之后，也就是《延喜式》制定之后。

蓼蓝，是到了夏天从植株的根部附近割下的。将新鲜的叶子碾碎，在布或丝上涂抹，叶绿素便附着在上面，染成了绿色。这种情况下，初步干燥后的麻、木棉等的植物纤维若不浸入灰水中的话，色素便无法固定下来，会随着水分流失掉。而丝绸类，即便不浸入灰水，色素也会很好地保留下来。不过，叶绿素的色素十分脆弱，水洗后，或者经过一段时间后，就只留下了青色。

比直接用叶子涂抹染色的原始技法更先进一步的，是名为“生叶染”的染色技法。这种染色技法直至现在仍被采用，将夏季生长在田间的蓼蓝从距根部约10厘米处割下，将叶子摘下粉碎，放在水中充分搅拌。充分搅拌约30分钟后，液体变为深绿色，倒入麻布袋中拧干，制得染液。将丝或布放入染液中浸染，可染出淡绿色。约一小时后，着色后，放入另外一个装有净水的水缸，用水充分洗净，由叶绿素染出的绿色被水冲刷掉，蓝色色素附着在了丝或布上，染出了名为瓮覗[1]、水色、浅葱的澄透的淡青色。不过，这种方法只能用来染制丝绸，并且无论重复多少次，颜色也不会加深。即便重复染色，染出的颜色至多也仍是淡青色，色素无法附着在木棉、麻等的植物纤维上。

蒅[2]法与沉淀法

后来，终于出现了一种与这种原始性的、存在时间限制的染色技法不同的，将采下的叶子储存起来可供长时间使用的新方法。

从世界范围内来看，制备蓝色染料的方法有两

注释：

[1] 瓮覗，淡蓝色。
[2] 蒅，靛蓝染料。

个种类，那就是蒅法与沉淀法。所谓蒅法，指的是将采下的叶子干燥，再将叶子堆积在一起，淋上水。在不断淋水的过程中，叶子腐败生热。继续淋水，促进发酵。这一过程重复进行，蓝染植物的叶子逐渐变为腐殖土。人们认为这一技法是在日本的中世时代完成的。欧洲使用的蓝染原料大青也是采用同样的方法保存的（参见第4章蓝染篇）。

沉淀法，是将采下的叶子放入像游泳池一样的水池里，为防止叶子漂出水面，使用竹子或木片制成格子状，将叶子压在水底。放置两三天后，蓝色素溶在水里，用木杆等搅拌，为液体中充入空气，再加入木灰、石灰等碱性灰成分，蓝色素便沉淀下来。去掉上清液，将剩下来的液体保存下来，就是染料。

这种技法在日本的冲绳伊豆味村的伊野波盛正氏家仍在使用。在印度似乎还有两三处，我看过其中一家的影像资料。印度的比冲绳那家的规模更大，泡制叶子的水池像一座游泳池。不过与冲绳那家不同的是，蓝色素溶出后的液体中不加入石灰，而是用棒子一直搅拌，向水中充入空气，使色素沉淀下来，最终制出深蓝色的液状物体。然后将其在阳光下晒一晒或稍微加热，使之干燥。这种制法，是向染坊售卖染料的商贩们常用的做法。

居住在中国南部或泰国等地的一部分人群，或者至今仍保留着传统技法的印度尼西亚诸岛上制作絣织物或巴迪[1]的人群中，还保留着这种原始性的做法。由于地处亚热带，因此一整年中都可以在庭院或田地里种植可做蓝染原料的植物。与琉球蓝相同，都是爵床科植物，将其割下后放入注了水的瓮中。过了一段时间之后色素开始溶入水，里面的叶子稍稍腐败，开始发酵。再放入木灰或石灰，接下来再放入香蕉、杧果、酒等之后会产生葡萄糖的物体，蓝色液体处于发酵还原状态，即缺氧状态，之后进一步发酵，蓝色素漂浮出水面，水泡布满水面。在这种状态下，色素便能顺利地染在木棉等的植物纤维或丝绸上。

《延喜式》中的蓝染

在阅读《延喜式》中与蓝染有关的文章的过程中，我认为，在平安时代，这种沉淀法用得非常多。

引用《延喜式》中与蓝染相关的内容，如缝殿寮中的“中缥一疋，蓝七围，薪九十斤”，内藏寮中的“杂染，蓝染绫一百疋，……右每年起六月一日至八月卅日染毕”“御服料，小许春罗二疋，白绫十四疋，……用度生蓝八十六围大半”。蓝围、生叶围中的“围”，是捆束的单位，可以推测应该是将田间割下的植物捆束好后直接用来染色。染色时间是农历六月至十月，正是蓼蓝收获的季节，如

注释：

[1] 巴迪，印度传统服饰。

同前面提到的，收割时在植株根部留下一截，大约一个月以后，蓼蓝又重新长出了叶子，因此可以收割两三次。有一种说法是，当时的染色技法只有刚才提到的生叶染一种，发酵制备的技法（指将蓼蓝放入瓮中，加入灰汁后制成热液的过程）是在之后的时代、能够制出靛蓝染料之后才出现的，但我却不这么认为。原因在于，要染出深蓝色，生叶染的技法是达不到的，从《延喜式》中有深蓝色的记载来看，毫无疑问地可以推测出沉淀法的发酵制备方法已经完成了。将生叶收割下后扎成一束放入水中，蓝色素溶入水中。不过，《延喜式》中有薪的记载，却没有灰的记载，这一点令人疑惑。在别的篇章中也看到过薪的记载，是用于提高溶液的温度，而蓼蓝收获于夏季，不存在保温、加热的必要。因此，薪或许应该是用来制作木灰的。

此外，《延喜式》别的篇章中有“贳布一端、干蓝二斗、灰一斗……”的记载，贳布，即麻布的染色使用的是干燥后的蓼蓝。因此可以看出，生叶直接发酵制备的技法与用干燥后的蓼蓝染色的技法是同时使用的。

生叶中的蓝色素可直接溶于水中，但一经干燥后，在普通的水中即便浸泡再长的时间，蓝色素也不能溶出。要将储存的蓼蓝中的蓝色素溶于水中，制出染料，需要加入碱性液体。

在我的工坊里，通常使用橡木、樫木等硬质木材烧制木灰。将木灰装在桶里，将桶装至七分满。向其中注入热水，放置一段时间后，充分吸收了木灰成分的溶液从下面的小孔流出，就是灰水。沉淀蓝与靛蓝染料的制备技法是相同的，都是向装有蓼蓝的瓮中倒入灰水，使蓝色素溶出。之后再加入麦麸或酒，促使溶液进入发酵及还原的状态。

在夏季，经过一周左右的时间，蓝色液体表面便会浮起泡沫，说明这时可以用来染色了。在这种状态下，即使是麻这样的植物纤维，也能染上颜色了。不过，《延喜式》中提到了赀布，即麻的染色是使用干蓝染色的，但是至于用于染色的仅是干燥后的叶子，还是使用靛蓝染料，尚无从判断。

抄经中所用的蓝色

与奈良时代不同，平安时代的美术工艺品流传至今的十分稀少，不过，关于蓝色，制作于这一时代的经卷却十分引人注目。

宫廷贵族们为了抚平现世的不安、祈祷来世能够升入极乐净土，将《法华经》视为自己的信仰，因此抄经活动十分盛行。其中，名为《中尊寺经》《神护寺经》的红纸金字经书，以及金银字的《大藏经》，一直流传至今。

这些经卷当时有五千卷以上，数量惊人，每一本都是华美的装饰经卷。

为这些纸张染色时，使用的是用蓼蓝精制而成的、名为“青黛”的染色材料。蓝草或者蓼蓝经过沉淀、发酵的制备过程后便可用于染色，此时水面上出现泡沫。这些泡沫被称为“蓝花”，将它们收集到一起，加入温水后搅拌。因为有灰水，因此一开始时是茶色的、混浊的溶液，随着不断搅拌，蓝色素逐渐沉淀至水下。去掉上清液后，继续重复搅拌，蓝色沉淀物的颜色变得更加美丽。收集起来，经过干燥后，就成了青黛，也就是说从染料变成了颜料。“正仓院文书”中记载的“青代”“蓝花”指的就是这种青黛，在古代的文献中也记载为蓝蜡、蓝靛、蓝墨等。

将上面的蓝蜡用胶或明矾水溶化，用毛刷在纸张上重复涂刷。胶是用猪等动物的骨或皮中含有的胶原蛋白浓缩而成的，用作颜料的黏合剂。明矾水是明矾加水溶解后的溶液，能够起到防止纸张收缩的作用。

用蓝蜡在和纸上反复涂刷，之后用野猪牙或石头等在纸面上打磨，使纸张表面变得光滑。之后再用金泥、银泥在上面书写经文。一卷经文至少需要10张左右的和纸，折叠装订在卷轴上，卷轴两端使用水晶、金雕等华丽的工艺进行装饰。

五千卷经文，如果每卷用10～20张和纸装订的话，则需要5万张以上的蓝染和纸，这样数量庞大的蓝蜡是怎样染制出来的，我十分困惑。在我的工坊里，经过蓝瓮充分发酵制备后收集起来的泡沫，我

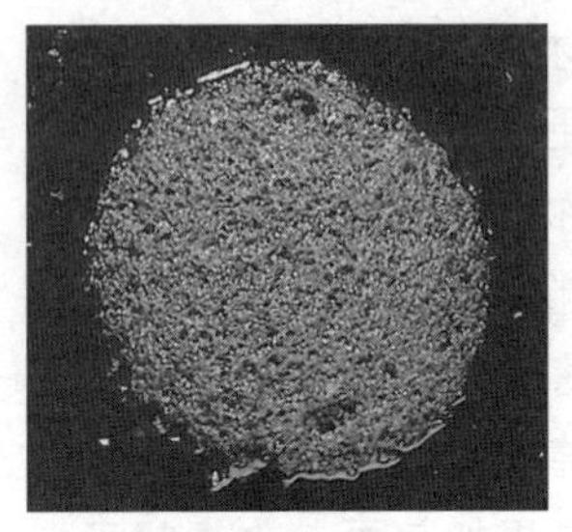

蓝花（摄影：永野一晃）

怀疑最多也只能染出10张和纸。从这一点来看，蓝染工作应该是由一所规模十分庞大的染司完成的，种植蓼蓝的田地有多么广阔，从现代染坊的角度来看是无法想象的。

山蓝

日本自古以来有一种名为山蓝的植物，与前面所讲的蓼蓝这一外来植物有所不同。例如，《古事纪》中仁德天皇篇写道丸迩臣口子“着红纽青摺衣”，《万叶集》中也有“……着红色赤裳裾引、山蓝摺衣”（第九卷）的记载，有很大的可能性是使用了这种大戟科植物山蓝。山蓝被认为是日本蓝染的起源，不过这种植物本身并不含有蓝色素，叶子枯萎后会变为茶色。即使将叶子里含有的叶绿素涂抹在布上，几天后，或者一两周之后虽然绿色仍然保留在布上，但一遇到水就很容易被冲刷掉了，最终颜色产生变化。

在蓼蓝传入日本之后，这种原始的山蓝摺染法仍旧一直被用于举行祭神仪式时所穿的洁净的服饰——小忌衣的染色工艺中。

《延喜式》中记载的“新尝祭小斋诸司青摺布衫三百一十二领”，大概也是指山蓝摺染。而在现今的今上天皇[1]的即位仪式上，大尝宫悠纪·主基两殿的御亲祭礼上，也献上了用生长在京都府八幡市石清水八幡宫地区的山蓝摺染织物。

另外，平安时代流行的歌舞中有一种舞乐名为“东游”。那是诞生于古代东国[2]的一种朴素的游乐，逐渐演变为宫廷及神社的舞乐而后固定下来。《源氏物语》中“若菜　续”篇中描写了光源氏去往住吉的情景，其中就出现了东游的场景。

高丽乐与唐乐虽气势隆盛，却不及熟闻之东游乐亲切。……舞人衣上山蓝摺染的竹节纹样，与松叶的绿色相混淆。诸人冠上装饰的插头花与秋花相映，难分彼此。五彩七色相杂，缤纷绚烂夺目。求子（曲名）奏完，众王孙公子卸下肩上官袍，走下庭中舞场。

“山蓝摺染”，指的就是这种摺染技法。用摺染的技法将山蓝中的叶绿素附着在布上，形成如同松叶一般的深绿色纹样。多年前我也曾登上石清水八幡宫的男山，获得神社的许可后采集了山蓝，再现了文中的山蓝摺染技法。将山蓝的叶子在研钵中充分捣碎后包在麻布中，将雕刻好纹样的镂花纸板放在布上，进行摺染。如同《源氏物语》中所述，

注释：

[1] 今上天皇，是日本国民对在位的天皇的日语称呼。
[2] 东国，古代关东地区。

布上染上了深绿色。

摺染通常使用的是染色效果难以持久的山蓝，不过这一技法自古代起流传了很长的时间，原因可能在于山蓝不受时间上的限制，一年之中无论何时都能够采集到绿色的叶子。如果使用蓼蓝的话，夏季过去，叶子就枯萎了。在举行仪式祭礼之前用山蓝摺染，保持四五天时间是没有问题的，之后即使变色也没有关系了。山蓝给人们留下的印象是一种纯洁的植物。

时至今日，在五月葵祭当日，在上贺茂神社的奉殿仍旧会举办东游乐会，十二月奈良春日大社的御祭仪式中，在御旅所的泥土舞台上，也会举办高雅的东游乐会，人们会穿上白色丝绸质地、有着青摺蕨类植物纹样的服饰。上面的青摺纹样使用的并非山蓝，而是用绘画颜料画上的青绿色，但也能充分地展现出昔日的风采。

染制二蓝

“二蓝”一词在宫廷物语中十分多见。仅从文字来看，可能会以为是蓝色重复染色两次所形成的深青色，但是其实二蓝指的是红花与蓼蓝混合而成的紫色系的颜色。

如前所述，红花在传入日本后，被称为吴蓝，即从吴国而来的染料（蓝）。“蓝”字曾被用作染料的总称。在平安时代初期，即900年前后成书的

《倭名类聚钞》中有“红蓝、弁色立成云　红蓝、久礼乃阿井[1]，吴蓝同上，本朝式云　红花俗用之”的记载，可以看出在平安时代对应的汉字是“红蓝”。因此，是在蓼蓝上加入红蓝，形成紫色系的色调，从使用两种蓝（染料）进行染色的角度出发，就出现了“二蓝”一词。

从染色的顺序而言，一定是先染出蓝色后再放入红花溶液中浸染。原因在于，红花与蓝瓮中的蓼蓝相同，在放入由木灰水制成的碱性染液中时色素便会析出。因此首先染出指定的蓝色，再通过后续红花的染色控制染出紫色的明暗度。因此在染制桔梗花之类的颜色时，先染出深蓝色，再用红花淡淡染色，便能染出素雅的青紫色 。

这种二蓝色，对于平安时代的人们来说，在一定程度上属于流行色。

清少纳言在《枕草子》第三十五段中描写宽和二年（986年）的法华八讲等的情景时，回想起参会公卿的服饰时写道：“穿着二蓝指贯[2]、直衣，浅葱帷子等”“此薄物之二蓝御直衣、二蓝织物指贯”等，此外关于指贯（袴）的颜色，也能看到有“夏为二蓝”（第二百八十一段）的记载。因此，由蓼蓝与红花混合而成的二蓝、生丝质地、三重襷纹样的直衣，似乎是昔日贵族公子们的常用服饰。两种

注释：

[1] 日语中吴蓝一词的发音对应的汉字。
[2] 指贯，衣冠束带、狩衣等男性平安装束(平安时代的服装)中使用的袴。

染料混合染色时，红花色较浓的话则是紫红色，蓝色较浓的话则是青紫色，因此二蓝有着各种各样的色调。年轻时似乎更爱偏红色，年龄越大越偏爱缥色色调的二蓝。

在《源氏物语》“藤花末叶”篇中，内大臣终于允许女儿云居雁嫁与夕雾，设藤花之宴招待夕雾，夕雾赴宴前，光源氏作为父亲给予他忠告：“直衣色浓，质地亦不考究。未做参议时，年纪尚轻，可穿二蓝。如今已有官职，衣饰不可随意。”这段话的意思是，年轻的时候可以穿偏红的紫色，而现在已经有了参议的官职，则衣饰应当更加成熟一些。话毕，光源氏将缥色直衣以及华美的下袭送给了夕雾。

第4章

中世的华丽与寂寞——武士与平民的衣饰

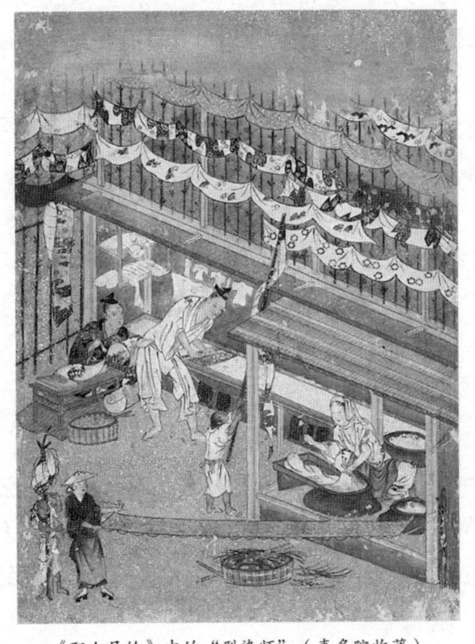

《职人尽绘》中的“型染师”（喜多院收藏）

六波罗样的全盛

任何时代，掌权者都会将自己所在之处装饰得富丽堂皇，用以宣扬声势。他们通常会否定过去的时代，换上新的装束。不过，在平安时代后期开始掌握权力，最终与源平形成对立，迎来了新时代的武士头领们，却仍旧受到了过去由天皇、朝臣们形成的宫廷文化的影响。特别是平家一族，沿袭了朝臣的服饰并增加了被称为“六波罗样”的平家趣味。

六波罗，是京都鸭川东岸、五条大道至七条大道区域的地名，平正盛在此地创建了六波罗殿，其孙平清盛将此地建成了约20町步[1]的平家一族的居住地。“六波罗样”即由此地名而来，指的是平家一族在渴望权力的时代里所钟爱的风格。在《平家物语》第一卷“秃发”一篇中：

> 提起六波罗殿一族的贵胄子弟，无论怎样的豪门望族，都无法与他们并列比肩。……非唯如此，甚至连衣领的折法、乌帽子的叠法，只需放言乃六波罗之样式，世人即争先恐后，群起效仿。

书中记述了平清盛的权势以及当时的流行风潮。不过，书中并未写明这些衣物在颜色及款式方面与朝臣所穿衣物具体有何差别。“衣领的折

注释：

[1] 町步，日本的一种长度单位，1町约为109.09米。

法”，即和服的穿法，甚至也出现了六波罗样。这种样式与贴合在身体上的柔软衣物不同，是在衣物原料上抹上面糊使面料挺括，穿在身上后肩部呈直线，胸部隆起的线条看上去如同抛物线一般，这种风格的强装束曾经就是六波罗样。

不过，在15世纪初写成的《海人藻芥》一书中，有“自鸟羽院御代起用强装束，然绘制鸟羽院以前之人像时，绘有鸟羽院以后方才出现之强装束衣领折法，乃画师之不察也”的记载。也就是说，将弱装束替换为强装束，是从身处朝廷最高地位的鸟羽天皇开始的。连乌帽子也涂上厚厚的漆变得十分硬挺，不过，这些装束与以往的服饰其实并没有根本性的变化。从12世纪末至13世纪初藤原隆信绘制的平重盛画像、源赖朝画像来看，很大程度上还是沿袭了以前朝廷官员黑袍加白袴、下袭、佩装饰太刀的衣冠束带的装束。不过，中下级武士的日常服饰，与贵族的狩衣或身份更低者所穿的水干相比，是直垂[1]之类的较为简洁的服饰。

还是在《平家物语》“秃发”一章中有“着赤色直垂”的记载，意为穿着用茜草染色的华美的直垂。不过这是没有战争时的日常服饰。

注释：

[1] 直垂，日本镰仓幕府的盛装之一，是一种上衣下裙式服装，上衣交领，三角形广袖，胸前系带。

甲胄的颜色与图案

对于武士来说，战场才是他们大放异彩的地方，战场上的装束，即甲胄，是至关重要的。

甲胄能够保护身体不被战刀所伤，能够挡箭，是非常实用的，同时，在战场这一壮丽的舞台上，甲胄华丽的颜色与纹样能够昭示战士的威武形象。对此，《梁尘秘抄》中有如下明确的记载：

武者所好之物，绀红山吹浓苏枋，茜寄生摺，良弓胡簶马鞍大刀腰刀铠胄，配腋楯笼手具。

这段有名的内容，常常被引用来讲解那个时代的风俗，译本中大多将“山吹浓苏枋”解释为山吹色及带有黑色的浓苏芳红色。但是，在我看来，应该是山吹色的带有赤色的黄色，以及浓字后面省略掉了紫字，因而是深紫色，以及用苏芳芯材染出的红色。

流传至今的文物中，有一些用非常高级的颜色，即用紫草根染出的紫色的“威”（见后述）等物，可以看出，以质地坚硬结实为追求的武将们，在甲胄的装饰上也十分崇尚华美。

据考证制作于镰仓时代、现收藏于奈良春日大社的国宝“赤丝威铠”，其材质、多彩的颜色，以及纹样，都令人赞叹不已。头顶上大大的金锹形，用来保护头部的头盔及护颈，以及大袖上的竹、雀、虎纹样的金属雕工，散发着美丽的光泽。用来保护胸部及腹部的“弦走”[1]上面用纸样印了牡丹及狮子图案。在中国被尊崇为百兽之王的狮子，与从唐代起作为富贵的象征而被青睐的牡丹花，都属于唐草风，铠甲上布满了武将喜爱的图案。从技法而言，应该是雕刻出纸板纹样后，加入用墨与蓝精制而成的蓝蜡，形成黑绀色的主调，花朵则使用上等红色染料，染出澄净的红色。

牡丹

从肩部垂下的大袖及腰部以下的草摺[2]，是用名为小札的用铁或未经鞣制的硬皮制成的细短片涂漆后以绢丝线或皮革线缝制而成的，称为“绪通”，绪指的是线，意为用线相连接之物，汉字也对应为“威”或“縅”，其中也包含着威吓敌人的意思。威的颜色通常是绯色系、浓绀、萌黄等。也有紫色，称为“紫裾浓”，上部为浅紫色，越靠近裙裾紫色越深，是晕染色。威多数采用绢丝缝制，有时也使用裁切得很细的鹿皮，并且染成茜色或蓝色小樱纹样，通过各种各样的颜色及纹样使铠甲更为华丽。

如同收藏于春日大社的铠甲以及收藏于东京青梅御狱神社的“赤丝威铠”（国宝）一般，其中的

注释：

[1] 弦走，古代日本铠甲中胸腹部胴甲的名称。
[2] 草摺，护腿裙、腿罩。

“赤”色使用的是茜染，这一技法在本书第26页已经讲解过了，不过，像这两件铠甲这样鲜艳并且浓重的红色，使用的并非普通的技法。从我的经验来看，必须使用刚刚挖掘出的、新的茜草根，并且使用量十分庞大。染色天数也至少需要5日以上，而且，每天早上都必须重新使用新的茜草根。媒染剂为椿木灰或柃木灰。前一天剩下的染液或煮过数次之后的染液，即便还有颜色，也会逐渐变得混浊。甲胄的颜色中最为醒目的就是赤丝威，指的是茜染的丝线，与染色的皮革，即与“赤皮威”一样，都是用茜草根染色的。

从绘制于镰仓时代至室町时代的对战绘卷《蒙古袭来绘卷》等画作来看，马上的缰绳、腹带等的线条状物都是鲜艳的茜染，可以看出，平安时代直至中世，茜染技术已经达到了最高的水准。

然而，由于茜色与紫色一样，染制的过程十分烦琐，极其困难，因此在中世末期逐渐衰亡了。

“褐色”的出现

自平安时代后期开始，武具甲胄的装饰性逐步增强，一个前所未有的色名出现了，那就是“褐色”。可以解析为一种接近于黑色的深蓝色。染制蓝色时在蓝瓮中多次浸染直至接近黑色，或染成深蓝色后用五倍子或橡果等茶色系染料染色，再放入含有铁质的溶液中进行媒染，染出的带有黑色的，与深墨色相近的颜色。因“褐色”与战争中的“胜利”一词谐音，武将们在战袍上引入了这一颜色。从《梁尘秘抄》中的下面一句诗中，可以了解到当时是在播磨，即现在的兵户县姬路市一带染制这一颜色的。

无论如何，我穿着播磨守童于饰磨染制的褐衣。

自古以来，这一地区以蓼蓝产地而闻名。那个时代这里应该有几座蓝染工坊。此外，在现在的京都府八幡市石清水八幡宫附近，大谷神人们曾经染制深黑色的皮革，被称为“八幡黑”。另外，此处还出现过将菖蒲花与叶的纹样制作成几何式小纹图案的木板，染色时将木板夹住，形成了白色纹样，这种技法与染出的纹样一同被称为“菖蒲革”。

这种褐色是将丝或布放入蓝瓮中浸染而成的，或者还有一种方法是将蓝瓮表面浮起的、蓼蓝氧化后的泡沫或膜收集起来，成为颜料状的蓝泥，将这种有机颜料用豆汁溶于胶中，用来涂色。这种方法与前面提到的平安时代的绀纸金泥的制作方法是相同的。

平安时代的甲胄中有一幅是在广岛县严岛神社流传下来的“小樱韦危铠”。弦走部分有格子与花的纹样，威的部分有细碎的樱花纹样。这里使用的不是浸染的方法，而是制作样纸后用蓝泥摺染的方法完成的。

此外，平安至镰仓、室町时代甲胄的装饰中令我最为感叹的，是一种名为伏绣的刺绣技术。铠甲本身是十分坚硬的，能够保护身体不受刀伤、箭伤，例如胴甲部分的弦走，是使用未经鞣制、质地坚挺的生皮制成圆筒状，再在上面用线缝上染成狮子与牡丹纹样的鹿皮。其中所用到的线会提前染成各种颜色。白、萌黄、紺、萌黄、白、浅紫、紫、浅紫、白，这些美丽的颜色按照一定顺序排列，组成箭羽纹样的图案，按顺序缝合在一起，对技法熟练程度的要求极高。

大阪四天王寺收藏的悬守也使用了这种伏绣的技法。悬守，是平安时代末期贵族们制作的护身符，在樱花或圆纹状木头上包裹上锦片，再使用伏绣技法镶边，可以说，这种技术将宫廷里的美丽色彩展现得淋漓尽致。伏绣原本是用在此类贵族阶级的服饰或用具上的高端技术。而这一技术应用在甲胄上，说明高级绣工的顾客从贵族转变为武将。

木棉出现之前的纤维

前面讲述了王室贵族所穿的袭等的服饰及其华丽的色彩，以及武将的甲胄中所用到的精巧的技术及其华美的颜色，那么，平安时代至中世时期，平民所穿的衣物是什么，又有着怎样的色彩呢？籍籍无名的一般平民的衣物几乎没有流传至现世，只能在绘卷等的绘画资料以及文献中窥知一二了。

在养蚕技术传来日本，绢丝染上美丽的颜色，在织机上织成亮丽的织物再制成服饰之前，人们所穿的衣物大多是用植物树皮中韧皮纤维制作的。如同《三国志·魏书·倭人传》中记载的“种植禾稻苎麻”，最常用的应该是用苎麻或大麻制作的麻布，用楮树的树皮制作的太布，用藤蔓制作的藤布，以及葛布等的原始纤维。

之后，在稻作传入日本后，用蒿草编织的蓑衣等也成了贫穷农民的衣物。这些由韧皮纤维织成的布均以“木棉”二字概括。

“木棉”是生长于热带或亚热带温暖地区的木棉科植物，种子的外面包裹着一层细密的纤维，将这些纤维纺成丝，制成衣物，这种技术在当时的日本尚未形成。延历十八年（799年），漂流至三河国的昆仑人最早带来了木棉的种子，不过在当时的日本尚未培育出来。镰仓时代至室町时代，日本从国外进口木棉布，但数量稀少，平民无法获得。直到室町时代末期至桃山时代初期，木棉的种植和栽培技术终于传入日本。

到了江户时代，在藩镇产殖振兴政策的指导下，木棉的栽培在西日本的温暖地区得到了普及，在那之前，日本人并不会使用木棉制作衣物。因此，中世之前的平民所穿的衣物大抵只有“木棉”纤维，寒冷的冬季里也只是将这一类的衣物多穿几件以避寒。

绘卷中的平民衣物

在平安时代末期绘成的《扇面法华经册子》及《伴大纳言绘卷》中，出现了这些平民的身影，而描绘得最为详细的，是镰仓时代的《石山寺缘起绘卷》等。

在《石山寺缘起绘卷》中，描绘了石山寺为举办长乐法会——涅槃会而在寺院中建造新建筑物的场景。在山上伐木的人们及手持锯子、刨子、凿子专注于工作的工人们身穿的衣物中，蓝色、深绀色、黑色、赤茶色较为显眼。其中也有绿色与黄土色。衣物上的纹样也大多是型染或绞染的图案。这些颜色较多地出现是一个非常自然的现象，植物染料中的茜草、紫草、红花在丝绸或羊毛之类的动物纤维，即富含蛋白质的物品上染出十分华丽的色彩，而在麻或藤等的植物纤维上却很难着色。那一时代的平民，可以说作为工人基本上是不被允许穿着丝绸的。工作时所穿的劳动服大多是麻质的，那么采用相应染色效果较好的蓝色或茶色，就是理所当然的事情了。

宇多天皇常常临幸石山寺，在此绘卷第一卷的中间部分就描绘了当时的情景。乘坐在牛车上的天皇及紧随其后的官员一行人的衣物有红色、黄色、湛蓝色、绿色等十分华美的颜色，光彩夺目。高贵之人身着色彩华丽的丝绸，而平民们所穿的则是朴实无华的二蓝色或浅茶色，如此对比鲜明的一幕出现在了这幅绘卷之中。

一遍[1]、西行僧衣

让我们再来看一下据考证制作于镰仓时代末期（1299年）的“一遍上人绘传”。图中描绘的是一遍受邀去往信浓国佐久郡一带时的情景。时间是弘安二年（1279年）的冬天。一众僧人的装束是墨染衣物，推测应是麻布质地。能够看到里面穿着白色的贴身衣物，应该也是麻布质地的。或许是为了抵御信州冬天的严寒，墨染衣物的外面还套着一件用稻秸做的编衣。可见前面提到的古代的编衣，在镰仓时代依然存在（参照第14~15页）。

《梁尘秘抄》中也记载有如下一则歌曲：

圣人所好之物，木节鹿角鹿皮、蓑笠锡杖木栾子、火打笥岩屋苔衣。

其中鹿皮应该是用来抵御严寒的物品。当时，由于被称为“皮圣”的阿弥陀圣的存在，僧人及出家人的衣食都十分精致，但是或许在用于御寒时仍旧只能使用兽皮来保护身体。

绘制于镰仓时代的《西行物语绘卷》，描绘的是漂泊诗人西行的生平。众所周知，西行曾是北面

注释：

[1] 一遍（1239—1289年），日本镰仓时代中期僧侣，时宗之开祖。

武士，是鸟羽天皇的近尉卫，在出家后踏上旅途去往各地游历。这幅绘卷之中的一幅图，描绘的是西行到达樱花盛开的吉野山之后，在清流之音中漫步的情景。所附的词书中写道，过去西行曾是北面武士时，曾有牛马与随从无数，衣饰也十分华丽，遵从内心出家并踏上游历旅途之后，来到吉野山时，所穿的是墨色麻衣及用柿涩液染色的纸衣。

纸衣与柿涩液

将麻或楮树的树皮捣碎后过滤制纸的技术，是中国发明的。将破烂的麻布在灰水中煮过后，纤维分解溶于水中，过滤后便制成了一张纸，这就是有名的纸祖蔡伦的传说。

后来终于发明了将树皮内皮煮过后捣碎制纸的技术。因此，麻布或楮布织物，与将麻、楮捣碎过滤后制成的纸，说起来像是兄弟一般，因此用纸做衣料应该是自然而然的事情了。将纸用手揉搓后变成柔软的布，穿在身上。纸作为一种不织布，相比于用经线与纬线交叉织成的布，更加抗风、耐寒，可以将身体包裹得更加温暖，具有很好的保暖性。中国宋朝时的《太平广记》一书中曾有记载，唐朝大历年间曾有一位僧侣，由于总是穿着纸衣，因此被称为“纸衣禅师”。

在东大寺二月堂的取水节（修二会）上，长达14天时间闭门不出的二月堂里的僧侣及练行众，在黑色麻质外衣里面穿着纸衣，为处于严寒中的身体保暖。纸衣并不仅仅是温暖的衣物，它还与佛教的精进之心相通。《今昔物语集》中有“比叡山之僧，以纸衣与木皮为衣也，不着绢布”的记载。穿的衣服是纸衣与木皮，即用麻或楮制成的布，因为用动物纤维制成的丝绸或羊毛，是佛教界回避的。

将柿涩液涂在纸衣上，添加色彩的同时，也利用了柿涩液所具有的防水性，对于旅途中的僧侣来说是绝好的衣料。

《平家物语》中写道，“美丽的头发在肩膀周围扎起垂下，穿着柿衣、袴，背着背箱，走在朝圣的修行之路上”（第十二卷，“六代被斩”），可以看出圣人及修行者在严苛的修行或旅途中，穿着柿涩液染的衣物。另外还有“柿之直垂[1]”（第八卷，“妹尾临终”），柿涩液不仅用在纸上，还可涂抹在麻布等的布料上染出茶色，同时利用柿涩液所具有的黏性，提高衣料的防水性、防寒性，用作旅行中的衣物，十分珍贵。的确，涂抹了柿涩液后，布的表面产生了像漆一样的光泽，能够防雨、防雪，隔绝冷风。在江户时代曾经用作旅途中的伞，在这一时代，下雨时可能也会将穿在里面的柿纸衣穿在外面。

柿子原产于中国，在中国6世纪编纂的农业全

注释：

[1] 直垂，一种武士礼服。

莲花

书《齐民要术》中，记载了嫁接技术，以及将果实浸泡在灰水中去涩增甜，用作食物。日本的《延喜式》中也仅有熟柿、柿干的记载，这种用作食物的甜味果品，其所含有的柿涩液在日本究竟是从什么时候开始用于防水，同时用作染色的颜料，时间尚不明确。

日本型染的出现

前面提到的《石山寺缘起绘卷》中，工人之间穿着红茶色衣物的人物十分醒目，这些也应该是用柿涩液染色的衣物，大概是在平安时代至镰仓时代，柿涩液就被用作染料了。

其根据就在于日本型染技术的出现。蜡缬染色法盛行于奈良时代至平安时代初期，是将蜜蜡涂在布上用来防染，浸入染液中后涂抹有蜜蜡的部分最后会显现出白色的花纹。但是，或许是因为蜜蜡进口的中断，之后直至明治时代并未再次盛行。平安时代中期至镰仓时代，米糊取代了蜜蜡，用来防染。将糯米粉与水混合，在高温中蒸煮几个小时，增强其黏性。将糊状物涂刷在布帛上，干燥后涂刷过的部分就具有了防染效果，染料无法浸透。在这一技法的基础上，发展出了将米糊装入筒中描绘出白底纹样的筒描法，在雕刻好纹样的型纸上放入米糊的型染法，根据纹样的大小划分为小纹染与中型染。

自江户时代中期起，筒描法与型染法愈加盛行，虽然这两种技法并不能与它们出现的10世纪前后的所有技法都相互匹配，但通览绘卷之后能够确定的是，这两种技法已经十分成熟了。例如，《伴大纳言绘卷》中，为躲避从朱雀门飘来的火光和黑烟而竞相逃走的人群中，身穿水干服饰、头发向后梳起、腰佩短刀的男子的上衣，看上去像蓝染巴纹的麻质衣物，很明显，这是型染衣物。同样的衣物在这幅绘卷的其他场景以及《石山寺缘起绘卷》中也随处可见。

收藏于四天王寺的《扇面法华经册子》中有一幅《晾衣图》，描绘了底层妇女晾晒衣物的温馨场景。这些晾晒的衣物看上去应是蓝色绞染，而女子所穿衣物看上去应是蓝色型染的树枝圆纹。从这些绘画资料来看，可以断定用型纸染色的技术最晚在12世纪就已经十分成熟了。此外，奈良春日大社留存有镰仓时代战士用来保护手臂的护腕。这幅护腕的包布，是用藤纹型纸放入米糊后制成的麻质蓝染布，这是现存的最为古老的型染文物。

型纸技术

型染技法中，最为重要的就是制作型纸。

型染中用到的型纸，是类似于美浓纸一样，薄且结实的纸，在滤干后干燥一两年时间，按照过滤时形成的纵纹与横纹，交叉地将几张纸贴合在一起而制成的，这一过程中用到的黏合剂就是柿涩液。柿涩液，是柿子的果实在八月至九月上旬仍是青果的时候采摘下的，捣碎榨汁后，加少量水稀释，放入桶中保存起来。两三年后经过发酵聚合变为茶色，成为柿涩液，在市场上销售。用柿涩液黏合的纸张，经日晒彻底干燥，再经烟熏则更加结实。之后再用短刀在上面雕刻纹样。将制成的型纸放在布上，将米糊注入空隙中，纹样部分沾上米糊，干燥后，即使在用染料浸染时，色素也无法渗入，纹样部分就变成了鲜明的白色。

这样看来，型染技术的形成，与日本制纸技术的提高、柿涩液的利用、日本人雕刻精细纹样的手工技艺，以及将米糊用作防染剂的发明，填注米糊的技术的精湛程度，是密不可分的。

中世以后的蓝染

关于蓝色染料的制备方法，在“平安时代的蓝染”一文中已经详细阐述过，不过，之后日本的蓝染方法逐渐转变为蒅法。这是一种与平安时代的沉淀法不同的，在现在的德岛县、滋贺县的山野林家等地仍在使用的蓝染技法。

进入中世时代之后，地方产业逐渐发达，染坊四处可见，按照不同的行业制作并贩卖不同的蓝染材料。染色从业者与制作、销售染料的从业者分成了不同的行业。

蒅（摄影：小林庸浩）

相比于搬运装有泥状沉淀蓝染料的蓝瓮，将蓼蓝叶的腐殖土干燥后装入麻袋等中搬运至染坊效率更高，这可能也是蒅法盛行起来的一个重要原因。

虽然很难判断蒅法是什么时候过渡完成的，不过在京都蓼蓝产地鸭川的下游、九条地区附近，有一个叫作寝蓝座的地方。从表面的意思来看是让晒干的蓼蓝入寝，应该与蒅法有关。居住在那里的人们会将收割回来的蓼蓝在附近的东寺大伽蓝院内晾晒。根据东寺的“年贡算用账”[永享三年（1431年）]的记载，由于他们未做解释，肆意扩大晾晒面积，东寺曾将他们从寺院内赶了出去。

染坊林立之处，被称为“绀屋町”，京都北山的长坂口有一个名为“绀灰座”的行业协会，是销售制备蓝色染料过程中用到的木灰的职业。

在《七十一番职人歌合》（原本制作于14世纪）中，描绘了一幅女性染工将布浸透在1/4露出地面的蓝瓮中染色的场景，记载为“绀搔[1]”。这里值

注释：

[1] 绀搔，室町时代从事染色工作的工人的名称。

棉花

得注意的是，蓝瓮是埋在土里的。

如同前面在《平安时代的蓝染》一文中所述，在制备蓝色染料的过程中是需要发酵的，需要一定程度的保温。从我的经验来看，温度在18～40摄氏度为宜。若超过40摄氏度，则无法完成发酵还原，因此将蓝瓮埋入土中也有避开暑热的作用。不过，到了中世时代后，原本只能在农历六月至十月进行的蓝染工程，通过保温或增温装置，使得蓝染工艺在一整年中均可进行。将几个蓝瓮埋入土中，在瓮的周围放上炭火或木屑，提高日常温度，即可在冬天进行蓝染工程。关于这一做法的起源，也有多种说法。埼玉县川越市喜多院收藏的《职人尽绘》（参照本章扉页），绘制于17世纪初，据说其原画更加古老，描绘出了近世初期工匠们的姿态。其中在与染坊有关的画面中，清晰地描绘了埋瓮的场景，这应该就是保温、增温的方法。不过这里仅仅描绘了保温的情况，至于增温设备，则是在江户时代中期才终于出现，那时才实现了蓝染工程在一整年中均可进行。这是其中的一种说法。

不过，在我看来，25～30摄氏度是蓝染最适宜的温度。有了保温设备后，蓝染在一整年中均可进行，因此从中世末期至近世初期，蓝染工程应是一整年均可进行的。

对“唐土之物”的憧憬

镰仓时代，荣西[1]将禅宗带入日本，虽然其传播速度较为缓慢，但从武士至平民，均受到较深入的渗透，在研究之后的日本文化时，这是不可忽视的一点。

禅宗传入的背景，是平氏与宋朝之间频繁的通商与贸易。日本输出黄金、水银、刀剑、漆器、扇子等，中国大陆向日本输入宋青瓷、染色的陶瓷器、绘画、香料、金襕绸缎、药品等。并且，除物产的进出口，禅宗以及被称为“书院造[2]”的新的建筑样式也一同出现，日本诞生了与王朝时期的文化所不同的新的文化。

在从中世持续至近世初期的禅宗的影响下形成的文化中，最常提及的就是“侘”与“寂”。从寝殿造的池泉式庭院的建筑样式，到书院造建筑样式的枯山水式，从使用多种颜料绘制的大和绘，到仅通过墨来表现五彩的水墨画的流行，以及表现幽玄的能乐、茶道的传播等，可以看出在色彩观方面，暗淡的颜色使用得更加广泛。并且，西行、鸭长

注释：

[1] 荣西禅师，1141—1215年，是日本禅宗临济宗的初祖。
[2] 书院造，是在寝殿造的基础上发展而来的一种建筑样式，室町时代兴起，主要为武士阶层住宅，经安土桃山时代定型并发展出寄屋风书院造（茶室风），此后相沿至今，成为今日“和室”的基准。

明、吉田兼好等人远离世俗的生活也令人感受到风雅，很多人都会从他们表达心境的诗歌及文章中感受到枯淡的意境。

不过，对于像我一样将植物染色作为专业，探寻日本长久以来孕育的传统色彩，以此作为自己的工作的人，总是觉得中世至近世时期日本的审美意识过于注重和强调“侘、寂”了。

经过了大量引入中国唐朝文化的奈良时代，到了平安时代，乘着国风化的浪潮，日本确立起了与自然风土相一致的“和风文化”，而与宋朝之间的贸易也并不是短暂的，而是仍在持续，对于中国物产的憧憬根深蒂固。青瓷壶、金襕等，虽然是宋朝时期中国的发明，但早在《源氏物语》“末摘花”一篇中，有“御台之秘色，为唐土之物”（秘色是指由中国传来的青瓷），“梅枝”一篇中，描写了光源氏在为其女明石姬举办成人式时调配绯金锦，即金襕织物制作服饰的情景。这些情景也反映出了平安时代中期贵族们的审美意识。“将唐土之物一并赐下”，可以看出对中国的舶来品有着很明确的指向性。

金襕与婆娑罗[1]

禅宗传入之后，很多中国高僧来到日本，很多的日本留学僧也频繁地往来于中国与日本之间，加

注释：

[1] 婆娑罗，日本传统美意识之一，指极度奢侈的炫丽豪华服饰装饰和豪快大胆的行为举止。

之航海技术的发达，商贸船只能够运载的文物数量也比以前增多。其中包括中国制造的名为金襕绸缎的新颖、艳丽的丝绸制品。中国古代的染织技术制作出了经锦、图案织锦、刺绣等高级丝织品，但金子却仅能使用在刺绣、绢纽等一部分丝织品当中。不过，到了宋代，金襕或印金技术被开发出来。所谓金襕，是将金箔贴在薄而均匀的纸上，细细裁切之后制成金线，将这些金线织入茜色或苏芳色的红底织物或紫色、蓝色等的织物中。而印金，是将米糊涂在丝绸布帛上之后，再在上面贴上金箔，构成图案，印金与金襕制品都能够散发出灿烂夺目的光芒。

这些丝织品传入日本的时间，是镰仓时代向室町时代过渡的时期，正是南北朝战乱时期，一种名为“婆娑罗”的华丽的服饰装束开始流行起来。《太平记》第二十七卷中记载，贞和五年（1349年），京都四条河原上演田乐[1]，乐室的华盖上的幕布，就使用了金襕。另外，该书第三十三卷记载，被称为“婆娑罗大名”的佐佐木道誉等人聚集在一起举行茶会，他们将金襕绸缎裁剪为自己的衣服，在那一场景下黄金的光芒必定是交错生辉吧。

另外，在远离世俗、严苛践行禅宗思想的禅宗寺院里，这些金襕、印金制品被大量地使用。那是

注释：

[1] 田乐，是日本平安时代中期形成的一种传统艺术，由音乐和舞蹈构成。

用在禅僧的法衣袈裟上。从大德寺的开山祖师大灯国师宗峰妙超流传下来的画像来看，他们的袈裟上，在茶褐色的底色上有印金图纹，从左肩起，用茜草或红花染出的绢丝的底色上，通过金线勾勒出艳丽的牡丹纹样，其华丽的色彩令人目不暇接。

历经岁月的“侘、寂”之色

从镰仓至室町时代，禅宗，特别是临济宗，在武家社会扎下根来，“禅”文化逐渐形成，不过有人认为由此而引发的“侘、寂”之中的素淡之物的浸透，构成了很长时期之后日本的文化基础，而我认为这一点是并不存在的。

室町三代将军义满建造的金阁寺位于北山。这座建筑物融合了传统贵族社会的寝殿造建筑样式与禅宗风格的书院造建筑样式，其内铺贴的金箔令人炫目。之后八代将军义政建造的银阁寺，是枯山水式的庭院，相较于金阁寺更加尊重禅宗的精神性，更能表现出幽玄、侘寂的庭院景致。不过，其内装饰的“东山御物”全部是由中国传入的，也就是唐土之物。

茶道也融入了禅宗的精神。前面提到的婆娑罗大名佐佐木道誉等人聚集在一起举行茶会，进行斗茶等的茶道比赛，场面十分豪华。在村田珠光出现后，创立了在茶室内以追求清净为主的“侘茶”。不过与义政建造的银阁寺一样，里面的装饰物以及所用的器具等大部分都是唐土之物。“侘”“寂”所表达的大概是人类的精神性，或许人们认为举办茶会的建筑物或器具之中也包含有精神性吧。

这些在茶道场所使用过的器具，有庞大的数量留存至今，有很多的机会能够看到。而在用于装裱水墨画四周的红底、紫底、绀底的金襕，历经很长时间之后大多已经褪色，与里面装裱着的水墨画、字画的墨色已经相互融合，变成了枯淡的颜色。这与用来装茶碗、茶罐、枣等的袋子相同，我们看到的是历经四五百年时间之后的颜色。经年累月后的变化，颜色变浅，或者逐渐褪色，我们看到的颜色是否就是当时的“侘、寂”之色，我有些怀疑。

不过，可以确定的是，在进入千利休[1]的时代之后，人们有意识地降低色彩的亮度，从而形成了“侘、寂”的色彩观。

绞染的发达

从平安时代起，经过中世时期，到桃山时代，从日本人的服饰及其颜色、纹样来看，我们可以看到，与前面提到的型染技术共同发展起来的绞染技法的变迁，这也是非常重要的一个事件。

如同前述，从自然植物中提取色素为布或丝染色时和大部分中药的煎药过程一样，需要将植物的

注释：

[1] 千利休，1522—1591年，日本茶道宗师，确立了“和、敬、清、寂”的日本茶道思想。

果实或树皮等的原材料彻底煎煮后，将布或丝放入浓浓的染液中浸染从而完成染色过程。因此，要想在布上染出纹样，便需要防染，即需要将染液无法浸透的部分与染液充分染色的部分分隔开来。

前面在正仓院一文中讲解过的使用夹板的夹缬，用丝线捆扎的绞缬（绞染），以及利用蜜蜡的油性隔绝水分的蜡缬，即是被称为“三缬”的绞染技法。然而在进入平安时代之后，首先，由于多色夹缬的技法难度过高，成功率极低，因此渐渐地被弃用了。只有单色夹缬保留了下来，例如前面提到的被称为“八幡黑”的菖蒲革染色及红板缔等。

而蜡缬，由于蜜蜡进口的中断，因此发明了米糊取而代之，即前面提到的型染及筒描的技法。不过，虽然米糊在用于蓝染等的浸染及茶色的刷染等染色工艺时，具有很好的防染效果，但对于红花、茜草、紫草等染料的染色时，或许由于染色时间较长，米糊会失去防染的效果。因此，其用途仅限于麻布等平民衣料的蓝染工艺中。

绞缬，即绞染，是用丝线将布紧紧地捆扎起来，对于任何染料来说都具有防染的效果，因此沿用了很长时间。随着时代的变迁，也发展出了更为高超的技法，逐渐发达起来。特别是在中世至近世的武士装束中，表现得较为突出。

平民的外衣、贵族的内衣

《伴大纳言绘卷》中就有穿着绞染衣物的平民的身影。火灾发生后，在一边观望火势一边竞相逃走的人群中，有两名男女牵着手逃跑，像是穿过了朱雀门的朱漆柱子一样，其中的女性穿着方形裁剪、带有绞染目结纹、整体晕染的蓝染单衣（参照彩色卷首图）。

绞染并不仅限于小幅纹样，同时可以进行大幅绞染，并使用令底色富于变化的技法，这一点引人注目。整体出现方形纹样的平民衣物，大多是单纯使用了蓝色绞染的染色工艺。

不过，从四天王寺里《扇面法华经册子》中的“在泉殿乘凉的女官们”一图来看，贵族公子穿着绞染的衣物。从这些绘画来看，平安时代后期，平民也在日常生活中频繁地将麻质绞染衣物作为外衣来穿。相反，贵族们则不分男女，重叠穿着多层衣物，将绞染衣物作为贴身内衣来穿。女性之中有人穿着红色的绞染衣物，其材质为能够染出艳丽色彩的丝绸。

最终，这些绞染衣物被用作外衣，变身为华丽服饰的时代终于来临了。

第5章 辻花小袖与战国武将

《三十二番职人歌合》（收藏于三得利美术馆）中的桂女[1]

注释：

[1] 桂女，日本古代京都桂一带的女性商贩，主要叫卖鲇鱼和朝鲜糖糕。

桂女的装束

桂里位于京都郊外，背靠西山，桂川由深山中蜿蜒而出，地势平坦，鲇鱼等水产十分出名。桂里在平安时代直属宫中，饲养鹈鹕，捕猎桂川中的河鱼进献给宫中，他们被赋予了特权，即便是检非遣使也无权过问。然而，到了朝廷势力削弱，向武家政权过渡的镰仓时代，桂里的女性们为了维持自家的生活，将之前仅向宫中进贡的以鲇鱼为主的水产等至都城中沿街售卖。所谓都城中，也只是禁城及幕府周边等富裕、热闹的街区，衣着华丽的桂女们沿街而行的身姿，十分引人注目。应永年间（1394—1428年）编撰的《三十二番职人歌合》中描绘有桂女的身影，并附有说明。

左　（桂女）
春风中手持水桶，
衣袂上辻花袖边挽起……

左侧所言为，手持水桶、辻花袖边挽起。与那月中的假发男子相比，此桂女看上去更加清爽。衣物并非绸缎而是麻布，辻花袖边挽起，在春风中静静等候……（旁点评者）

这是“辻花”这一花草纹样的衣物的最早出处，是讲述辻花染时必定会引用的文献。所谓“辻花”，是指用绞染的方式染出的鲜艳小花纹样的小袖。细细观看《三十二番职人歌合》，其中坐在横放着的装鲇鱼的水桶上的桂女，穿在最里面的衣服是正红底色加黄色、茶色条纹，稍微错开一些叠穿的外衣是白色的底色，上面有红色花瓣点点飞舞。这件外衣看上去是小袖式样，不过这名桂女特意将长出的部分挽了起来，这应该就是附着的说明文中所说的“辻花袖边挽起”。

在我看来，这幅绘卷中桂女所穿的里层衣物为丝绸质地，由红花、茜草或苏芳染色，外衣则如同说明文中所说，并非丝绸，而是平纹生绢或麻质单衣，用绞染的方式在白色的底色上印染了零落的红色花瓣。

在这一时代的绘卷，例如《春日权现验记绘》等绘卷中，平民男女大多穿的是一件麻质的蓝染衣物，其纹样并非型染或绞染的樱花或松枝等十分具象性的纹样，而是以大胆的几何式纹样居多。不过，桂女这一群体过去曾经受到朝廷的特殊庇护，根据记录曾经属于女系氏族，她们的穿着与普通平民有显著不同，也就并没有什么不可思议之处了。桂女的这一装束在京城中十分引人注目，从当时流行的“风流”中也能够看得出来。

风流的流行

自室町时代起流行于京都的“风流”，是指穿着优雅、美丽的服饰一边舞蹈一边前行，或者在斗笠、车、祇园祭的山灯的装饰下前行。

这一“风流”，是为迎接在盂兰盆节时从死亡世界里返回的幽灵们，一边念佛一边跳着优美的舞蹈，用以慰灵。这一“风流”流行了很长时间。风流舞流行于京城及附近的乡村，在祇园祭结束后的农历七月，人们穿上华丽的服饰，戴上斗笠跳舞。

在《庭训往来》中，有如下的记载：

说来，下月二十日决一胜负，欲借可入风流舞之物，不一而足，红叶重，杨里之淡红梅，各色丝带，小格子织物，单衣，深红袴，华美衣裳，唐绫，狂文唐衣，枯叶紫地罗布，袙，平绢，浮纹绫，摺画，目结，卷染，村绀，搔浅黄小袖，及悬带。

文中记载的是，无意间参加了与同僚间的风流舞装束的比拼，因此想借物品，并且并不是一两件，而是要借大量的华丽之物。数套贵族式样的袭、小袖，以及后面提到的“目结、卷染”，可以看作辻花染织物最初的萌芽，而“村绀、搔浅黄”，即肩部与裙裾部位绞染出的绀色纹样，都是绞染样式的衣物。

“风流”有时也作为茶会的余兴而举行。《看闻御记》中记载，伏见宫贞成亲王举行茶会，为助余兴跳起了风流舞，小川百善、善国亲王的两位随从装扮成桂女的模样，获得了众人的喝彩。此外，在同一本书中记载，永享九年（1437年），三条町的人们举行风流会，拜访三代将军义满建造的鲜花府邸时，也模仿演绎了“桂女风情”，桂女的服饰在京都城掀起了流行的风潮，人气高涨，在市民们的眼中留下了深刻的印象。

风流的流行，在京都经历了应仁之乱的长期战乱后进入复兴期之后，一直持续了下来。

小袖衣料店的出现

从衣物款式来看，平民所穿的仅是类似于现代工作服的水干或直垂之类的简单衣物。贵族们所穿的是几件单衣叠穿的袭，但在武士阶层取代原先的贵族掌握政权后，由于武士原本与平民处于相近的阶层，因此所穿的也是轻便的衣物。于是抛弃了叠穿的形式，原先叠穿的衣物自然而然地改变为袖长较短的小袖样式，这就是持续至现在的和服的原型。

随着小袖服饰在武士以及一般人群中普及开来，主营染布、织布、裁剪、售卖的“小袖衣料店”出现了。这就是当今的和服衣料店的起源。他们成立了类似于行业协会一般的工会，14世纪中期，在祇园八坂神社南面名为安居神人的几位人士共同结成了小袖工会，之后迁移至锦小路通室町。如今，和服商人们也已经将和服工会迁移至店面鳞次栉比的室町通。

包括平民在内，世人对于服装的关注度逐渐增高，商品流通盛行起来。成为富商的某家小袖店，在应永二十年（1413年）为京都妙愿寺捐出了重建费用，另外，在后来明智光秀的火攻中烧毁的本能寺重新修建时，小袖店宗句也曾出资，并留下了记录。此外，在北野神社、南都奈良，以及因成为日明贸易港而繁荣起来的博多，也成立了小袖工会，这一行业达到了兴盛繁荣的顶峰。

这些小袖店理所当然地会去思考市民们喜欢什么款式的服饰，为了深入探究，像风流会一样，将花费了各种心思的服饰汇聚一堂，这种场合是最恰当的。最吸引人们眼球的新纹样，或者开发出制作这些纹样的技术，那这一场合是非常理想的舞台。其中，前面提到的伏见殿里的宫廷武士及三条町的市民们，风流舞的化装行列中连都城的人们都想要模仿的“桂女华丽的小袖”，即“辻花”染的衣物，必定为人们留下了深刻的印象。

辻花绞染

西本愿寺里流传下来的绘卷《慕归绘词》，描绘的是亲鸾的曾孙三世觉如的传记。这本绘卷绘制于14世纪中期，原本共10卷，其中第一卷与第七卷遗失了，文明十四年（1482年），由飞鸟井雅康作词、藤原久信负责绘图，补齐了缺失的部分。补充的内容中有一幅场景描绘的是觉如在天台宗学僧宇澄处受教的情景。

图中有两名儿童，其中一名儿童坐在廊檐下正在听着什么，他身穿的黄底上衣在肩膀和裙裾部分有蓝染小花纹样，看上去应是以绞染技法制作的。中间是零散的黄底绿色圆形花纹，这应该是在提前染出的黄色底色上再进行绞染而成的，未经绞染的部分则使用了浸染法。

身着绞染服饰的少年，《慕归绘词》(部分，收藏于西本愿寺)

辻花染出现于16世纪，基本上被看作同色系的染色法。图中在院子里玩耍的另一名儿童，看上去穿着的也是红色系的绞染衣物。这在当时一定是使用天然染料染制而成的，因此绘卷中这名儿童所穿上衣的纹样，应该全部都是采用浸染法染色的。

绞染作为最简单的技法，用绳子扎好后浸入染液中，通常而言，扎紧的部分会保留白色，其余染成底色。然而，一种名为缝绞染的难度较高的绞染技法，则与通常的绞染技法的过程相反，是先将布料染上底色之后，再将纹样部分用丝线缝合扎紧染色，以此突出扎紧部分的纹样。实际上前面提到的《三十二番职人歌合》中桂女的服饰也采用了这种染色方法，底色为白色，花朵纹样为红色。

埼玉县川越市的喜多院流传下来的《职人尽绘屏风》中也有“绞缬师”的画面，描绘了6位绞染工匠在廊檐下工作的场景，里面有一件正在缝制的衣物挂在衣架上。其中有的工匠正在进行的工作被认为正是辻花染。廊檐下放有两捆用丝线扎成卷的绞染布料，这正是在进行缝绞染，将其中的一部分放入染液中浸染显色，这种技法与前面提到的《慕归绘词》中儿童身上所穿的纹样颜色比底色更深的染色技法是相同的。

辻花染这一绞染技法，在室町时代至桃山时代的京城中极为流行。并且，在美浓、尾张、三河等地蓄积实力，扩张至京城的武将们，耳闻目睹京城中这种华丽风潮的时代，也终于到来了。

织田信长在京中所见之物

应仁元年（1467年），各地大名分裂为两部，以京城为主战场，战乱持续了11年的时间。经此战乱之后，室町幕府丧失了实质性的权力，实力较强者在各自的所在地建立起城池，伺机而动，意图攻入京城将幕府取而代之。东面有北条氏康、今川义元、织田信长，越后地区有上杉谦信，甲斐地区有武田信玄，战国大名以下克上、群雄割据的时代来临了。

出身尾张的织田信长，据说在进京之前的装束是很随意、粗俗的。织田信长娶了斋藤道三的女儿浓姬为妻，在《信长公记》中记载了织田信长初次与其岳父见面时的穿着。

圆筒竹刷式发型，身上穿着的是泡温泉时穿的单衣，特意将袖子剪去，插着两把刀，腰间围着几条虎皮、豹皮，用来代替裙裤。他以这样一种令周围的人发出惊诧之声的装束进入寺中后，马上展开屏风，解开头发，迅速地换上了不知何时让人染成“褐色”，即黑色系的正装长裙裤。

根据记载，织田信长在平日里也会穿这种普通平民所穿的入浴单衣，外出狩猎时会穿背面画有男性阳具的衣物，腰间用绳子随意扎起，挂上很多个袋子。不过，在前面提到的与岳父见面时，或在父亲的丧礼等场合，他也会遵守礼制，穿上肩衣、裙裤。

在永禄三年（1560年）的桶狭间之战中，织田信长战胜了今川义元，之后他与三河的德川家康结盟，认定越后的上杉谦信不会出兵，便于永禄十一年（1568年）进入京都。

进入京都城中，织田信长看到的，是从应仁之乱中恢复生机的繁华都市，以及基督教这一前所未有的南蛮[1]文化的到来。

城中建起了南蛮寺，穿着红色披风的外国人走在街上。翌年，织田信长接见了传道士路易斯·弗洛伊斯，允许其在城中传教。

注释：

[1] 南蛮，中世至近代以前日语中指称东南亚地区，并引申用以称呼在印度至东南亚的港口与岛屿建立殖民地和贸易据点并试图向东北亚扩展交易范围的葡萄牙、西班牙等国。由此数国传来的物品、文化等亦被冠以“南蛮”之名。

织田信长将目光投向了这些从堺港源源不断地运至京都的外国物产，特别是战略物资铁炮、茶道用具，以及服饰、生活用品等。根据路易斯·弗洛伊斯的记载，织田信长接见他的房间里的物品有：

欧洲生产的衣物，绯色披风，头巾，带有羽毛装饰的绒帽，圣母马利亚金牌，科尔多瓦产的皮革制品，钟表，豪华的皮质披风，华丽的四角形玻璃，缎子，丝绸，支那羊皮，狩猎服等（“耶稣会日本通信”）。

来自明朝的织物

同一年，织田信长向居住于尾张地区清洲（现在的爱知县西春日井郡），名为伊藤忽十郎的人授印，任命其为唐人方，即管理进口服饰及国产服饰的商人司的职位。从织田信长在京都、堺港的活动来看，可以感受到织田信长在进京后对于服饰的看法也发生了很大的变化。

来自中国明朝的金襴、缎子、繻、锦等华美的织物，以及南蛮船上满载的毛呢绒、丝绒、印花布等织物通过堺港和博多港进入日本。这些织物无可避免地对京都的染织工匠形成了刺激。

在新町今出川上游的新在家町，应仁之乱后原先四散逃离的工匠团体返回了京都，将所居之处称为白云村，生产白绢、练绢。特别值得一提的是练绢，经线使用的是生丝，而纬线即贯线使用的是炼制后的丝，织出的白底织物，是能够用于辻花染的十分优良的白底织物，因此大部分应该是运送至擅长于辻花染这一高级技术的绞染工坊。

另外，与白云村处于相向的位置，西侧不远处的大宫今出川附近，应仁之乱时山名宗全布下西军阵的地方，过去的侍卫们集体回到了这里。他们看到白云村主要生产白底织物，因此他们决定以绫织物、厚板[1]、中国进口织物为主业。他们学习到了从堺港进入日本的金襕、缎子、丝绒，以及中国丝织品等的新技术，并且就地发扬光大，构成了现在的西阵织的基础。

京都也趁势崛起，受到外来产品的刺激，大量的染织品输入，使织田信长撤去了关卡，削弱原有行业协会的特权，实行乐市乐座制度[2]，通过更为自由的经济活动政策，使丝织品向全国广泛地流通。

以权力为基础形成政治中心的将军、武将们相互之间的拜访，即互赠礼品的数量也十分庞大。例如，天正三年（1575年），奥州伊达家献上名马两匹以及捕鹤鹰等。对此，织田信长以5张虎皮与豹皮、10匹缎子、20卷绉绸作为回赠。缎子指的是丝绸织物，应该是从中国进口的。

注释：

[1] 厚板，一种较厚的、坚硬的织物。
[2] 乐市乐座，战国时代末期至安土桃山时代期间所采行的商业政策。配合应仁之乱以后的工商业发展，将战国大名将无所属的多数新兴工商业者纳入新的封建秩序下，以利统治。

杜若

本能寺之变那一年［天正十年（1582年）］的正月十五，在“燃放爆竹”时织田信长的装束如下：

京染小袖，头巾、斗笠，稍向上呈长方形。短蓑衣，白熊皮。裙裤为红底金襕，衬里为红樱色（“信长公记”）。

京染与辻花染相类似，腰间为白熊皮，裙裤为红底加金线的金襕，衬里为红花染的红樱色，装束十分华丽。与过去在美浓、尾张时带着藤吉郎外出猎鹰时只穿一件入浴单衣的信长，简直是天壤之别。

丰臣秀吉登场

织田信长死后，丰臣秀吉一统天下，他原本是尾张的一名普通士卒，用蒿草束发，一张麻布用腰绳系上，在山野间出没。在接近权力之位的过程中，他对于华美服饰的欲望逐渐高涨，甚至接近异常。

丰臣秀吉攻占鸟取城的天正九年（1581年）年末，向安土城中的织田信长送去岁末礼品，其中包括100件小袖，200张鞣制皮革等，与衣物有关的东西数量庞大。之后，丰臣秀吉在登上权力之位后，对奢华绚烂的服饰的欲望比织田信长更高，甚至于超出了正常范围。并且，他经常将自己的衣服脱下送给别人以示亲密，因此人们称他为“脱小袖”。

后来，丰臣秀吉对基督教发出禁令，下令驱逐基督教徒，但对于来自遥远的异国他乡的物产却显露出了异乎寻常的执着。在京都东山山麓下河原为秀吉而建的高台寺里，流传下来的阵羽织据说是丰臣秀吉生前所穿，是用波斯绒毯裁剪缝制而成的。这张绒毯是伊朗萨非王朝（1501—1736年）时期的丝绸绒毯，上面有鸟兽纹样。虽然世界无比广袤，但裁剪绒毯制作服装的男人，恐怕也只有丰臣秀吉一人吧。

据说，到访大坂城的传教士受邀进入丰臣秀吉的房间时，映入眼帘的，是搭在绳子上的10~20件产自欧洲的红色披风，令人瞠目（弗洛伊斯，《耶稣会日本年报》）。

事实上，丰臣秀吉自己也会将这些来自海外的珍贵的红底丝绒或绒毯穿在身上，并且也会穿国内染制出的数量庞大、工艺烦琐、十分华丽的辻花染小袖，或者是穿用染成红色、绿色的丝线在布料一面绣出宛如花园一般的纹样后再贴上金箔从而制成的奢华的缝箔羽织。如今，在日本国立历史民俗博物馆收藏的“醍醐花见图屏风”中，能够看到丰臣秀吉的此类服饰。庆长三年（1598年），丰臣秀吉决定在樱花盛开景色秀美的京都伏见醍醐寺举办赏花宴。他命人在山间修建了充满意趣的茶室，命令女性制作目结纹绞染、小鹿纹绞染布料，再贴上金银箔，制成小袖或腰带，举行变装游行。从屏风中看，丰臣秀吉自己穿的是大胆的牡丹花纹样的胴服。之后，他毫不吝惜地将这些服饰赏赐给了家臣或功劳卓著者。

钟爱紫色的武将

在丰臣秀吉掌政的时代，日本各地掀起了开采金矿、银矿的热潮。在这种大量产金的背景下，统治者崇尚奢华绚烂，整体国力变强之后，紫根染、红花染等难度较高的植物染色技法似乎也逐渐复苏了。

丰臣秀吉也是一名钟爱紫色的武将，在南部藩的南部信直献上用于作战的特种良马时，他将一件肩膀部分是绞染深色紫底桐纹，胸部为黄绿色、浅葱色、紫色，裙裾为深绿色矢形纹的十分华丽的辻花染胴服，作为回礼赠送给了他。这件胴服也使用了大量的紫草根染色。虽然这件事并不能称得上是一个契机，不过，到了江户时代，盛冈及秋田县的花轮附近紫草产量很大，南部藩以紫草染作为特产实现了振兴，这些特产被远远地运送到了江户。盛冈市的紫草园中村家坚守了这一传统，将丰臣秀吉赠予南部藩的胴服保存了下来。因而这件胴服现在得以收藏于京都国立博物馆，在经历了四百年的时间之后，现在仍然呈现着华美的紫色。

这些钟爱红色系的紫色的武将们，给当时乘坐南蛮船来到日本的葡萄牙、西班牙等的外国人士留下了深刻的印象。天正五年（1577年）来到日本的葡萄牙耶稣会传教士陆若汉在下文中记载了武将钟爱的服饰。

衣服布料的表层，有的是丝绸，有的是木棉或亚麻的断片，上面通常都印染有各种颜色的美丽的花朵。不过，丝绸衣料中有的是条纹纹样，有的是单色，有的是双色。无论是丝绸类衣物还是其他衣料，都会在上面描绘纹样。日本人是伟大的工匠，他们在用各种各样的方法描绘出的花朵中间绣入金线。

他们非常擅长于使用绯色，并且更加擅长于使用红紫色。（《日本教会史》第16章，大航海业书IX）

上杉谦信的服饰

此外，在染织史上不得不提的一名战国武将，应该就是上杉谦信了。

现在留存在山形县米泽市上杉神社里的谦信所穿衣物，其数量之多、样式之华丽、染织技法之多样性，令很多有识之士为之倾倒。

首先，是“金银襕缎子缝合胴服”。这是使用来自中国通过海运来到日本的光辉夺目的金襕或缎子等，如同其字面意思一般缝合而成的（也可以看作现在的拼布工艺）。这种崭新的尝试令人叹服，类似于前述第136～137页记载的婆娑罗大名召开茶会时裁剪断片缝制衣物的行为。而披风，则应是葡萄牙或西班牙的商船运来的，是产于欧洲的丝绒质地。产于欧洲的屏风中描绘着欧洲人穿着披风的样子，应该是从他们手里买下的。还有毛呢绒胴服。衣袖为绯色，大身为深绀色，采用了对比色，缝合处的镶边使用了波斯产的金银丝缎制作成伏绣图样，衬里附有中国明朝产的绿底菊唐草纹样的缎子，完全是欧洲与中国糅合的产物。

这种绯色，是日本人前所未见的名为“猩猩绯”的西班牙产的毛呢绒。《日葡词典》中记载有“Xojo 猩猩”“Xojofi 猩猩绯”，以及“Graa 胭脂色或深红色织物”。猩猩在中国古代是存在于想象之中的灵兽，也有一种传闻说猩猩绯是用猩猩的血染色的，而实际上是用一种从虫子中提取出的染料染色的。如同第43页起讲到的，使用的是一种胭脂虫，应该是寄生于生长在地中海一带的橡树身上的红蚧虫。不过，在那一时期西班牙人已经开始进入中南美洲，那里的另一种胭脂虫，即寄生于仙人掌上的胭脂虫，被西班牙人运回国内用于染色也是有可能的。

除此以外，上杉谦信还拥有很多种类的胴服，有的是外面为白绫，里面为红花染的大红色素色，衣襟为红绿黄三色织就的中国产的织物，有的是在红色的底色上制作柳、桐等华丽的刺绣，衣襟为红色过花染的织物，等等。

红蚧虫（上）、胭脂虫（下）

不过，我对于上杉谦信的这些衣物是从何而来的抱有稍许疑问。

我推测，上杉家流传下来的服饰并不全是上杉谦信所有，其中几件或许是其养子上杉景胜穿过的衣物。追溯以前的时代，根据记载，在天正十五年（1587年），景胜在大坂城谒见丰臣秀吉时，赠予丰臣秀吉“白银五百张及越后布三百反[1]”。越后布是越后地区的名产，是一种质地上乘的麻布。对此，丰臣秀吉开设宴席，将自己所穿的胴服赠予上杉景胜，以示关系亲密。及至桃山时代，在日益繁华的京都城中，高级的小袖衣料店及和服店不仅仅接受官员、富绅以及进入京都的武将们的订单，在获得特别许可后，可以去往较远的越后、甲府、骏府等实力较强的武将们所在的地区，接受护具盔甲以及服饰的订单。这些服饰经他们之手传播到了更遥远的地方。

注释：

[1] 反，布匹的长度单位，一反约宽34厘米，长10米。

关于德川家康的服饰

关于德川家康所穿服饰的豪华程度，从他的数量庞大的遗留衣物中可见一斑。这些衣服供奉在日光东照宫、静冈久能山东照宫等收藏德川家康遗物、祭祀德川家康的神社中，以及《御骏府御道具分发》中记载的、分发给众所周知的德川御三家[1]，即家康的第九子尾张义直、第十子纪州赖宣、第十一子水户赖房的德川家康遗物。

这些服饰中，多为辻花小袖等豪华绚烂之物，数不胜数。以其中一件为例，石见银山[2]的勘探师安原传兵卫获赠的“山路与丁香纹样胴服”，是使用紫根、红花、青茅染料，施以精巧的辻花绞染，其烦琐、耗时的程度，我从染坊的角度看来也是难以想象的，并且令人感叹的是，技艺精湛的工匠们收集到了大量的能够染出澄净颜色的高价染料。此外还有奈良晒等麻质型染浴衣等接近于日常服饰的衣物，更加令人感兴趣。

德川家康所穿服饰中最吸引我的，是美丽的蓝色及稀少的柿涩染的衣物。例如，现在收藏于德川美术馆的“淡浅葱底葵纹附花重纹辻花小袖”与“薄水色底大蟹纹麻浴衣”，染色时使用的是丝绸与麻布，虽然材质不同，但都染出了澄净的、清雅

注释：

[1] 御三家，出自日本的江户时代，原指当时除德川本家外，拥有征夷大将军继承权的尾张德川家、纪州德川家、水户德川家三支分家。
[2] 石见银山，位于日本岛根县大田市，是日本战国时代后期、江户时代前期日本最大的银矿山。

的蓝色。染出深蓝色应该是较为容易的，而染出淡雅澄净的颜色则需要十分高超的技艺。

德川家康的遗留衣物中还有一件引人注目的就是纸衣。在轻轻地揉搓过的和纸上，多次涂上柿涩液，着色后再次揉搓，在里侧贴上两层羽毛，将丝绵塞入其中，制成的小袖。这应该是冬季的防寒衣物，与其他豪华绚烂的服饰相比较为朴素，不过能从其中看出位居将军高位的家康仍然有着“侘、寂”的精神世界，因此令人很感兴趣。上杉谦信也穿过柿涩染的纸衣阵羽织。两人都大幅使用了色调较暗的柿涩染的颜色，德川家康的纸衣里侧是紫色，上杉谦信的纸衣的衣襟与衣袖采用了金襕。可以说，在纸衣上，高贵的颜色与侘寂的意趣两者共同存在。

能装束中蕴含的桃山时代的华丽

从桃山时代至江户时代初期，将军自不必说，大名及周边的武将们，甚至富庶的市民们的服饰，也绝不逊色。随着欧洲人的到来，以及佐渡金矿中黄金的开采，经济基础逐渐强盛起来的桃山时代，在服饰方面也逐渐兴起华丽之风，人们在衣着服饰上竞相争艳。将军及高级别武士会毫不吝惜地向自己宠爱的女性赠送衣物。

之后，随着足利义满创立的能乐作为武士阶层的官方音乐而得到广泛的普及，武士们也开始将豪华绚烂的衣物赠送给自家出色的能乐表演者。

桃山时代的能装束中，较为突出的是刺绣及金、银摺箔[1]并用的绣箔，以及唐织[2]，从这些服饰中能够看到那一时代的华丽之美。

刺绣在很大程度上受到了来自中国明朝的织物断片的影响。掌握着高级技术的工匠们，通过堺港或博多港来到日本，将这些技术传到了日本。技法有三种，包括平绣、刺绣、缠绣，可以说是较为简易的技法。平绣也称为细绣，丝线不通过布的反面，针以点状刺入布里，丝线仅排列在布的表面。这样做使得纹样较为丰满，丝线不需捻转，看上去更加立体。中国明朝的平绣中金线随处可见，日本的平绣织物则完全不使用金线，而是在刺绣完成后贴上金、银箔，使之熠熠生辉。

在近世时代由中国明朝传入日本的另一项技术便是唐织。所谓唐织，是在三枚绫布上，纬线以与刺绣相同的技法进行浮织，但与刺绣相比浮织纹样更富多样性，呈现出的纹样更加立体。作为织物，纬线应是并列的，不过，在备前池田家流传下来的“断片错纹格子菊桐纹样唐织”中，经线被分别染成了碎白点花纹，红花色与白色的底色错落开来，颜色与纹样通过纬线来显现。红花色的底色上面有

注释：

[1] 摺箔，是一种染织品装饰技法，将型版上刷上糊状物，在上面撒上金、银箔，在布上轻轻按压，干燥后将多余的箔除去，纹样便显现出来。

[2] 唐织，原指由中国传入日本的织物总称，后期经由改良成为日本独有且具代表性的织品，是一种相对高级的织物。在日本古代只有将军等较高身份阶级，以及能剧的戏服才能够使用这类材质。

绿色的格子纹样，同时以同样是红花色的纬线，浮织出柳、桐纹样。在白色的底色上通过纬线织出了菊花纹样。这些深蓝、浅蓝、紫色、深绿、嫩黄、白色的丰富多彩的颜色构成的奢华绚烂的装束，是桃山文化的完美象征。不过，其中并没有使用金线，而是通过澄净颜色的搭配去表现美。

富有的市民也不甘示弱

将军及大名们竞相将此类装束赠予能乐表演者，旨在表现幽玄的能乐与其服饰中华丽的色彩，在舞台上一起舞动。

这种代表着桃山时代的奢华绚烂的服饰，如同京都的风流舞一样，在战国至桃山时代官员们所著的《山科言继卿记》中，记载了由幕府推荐进京的官员们的装束，“各位所着服饰尽为金襕、缎子、唐织、红梅、绮罗，可谓前所未闻”。其原因在于，除了掌权的武将们，作为经济基础的京城中富有的市民们，也竞相追赶这个时代具有代表性的奢华绚烂的潮流。

其中之一，就是在每年梅雨结束的夏初时节举办的祇园祭。这一祭典自平安时代起就已举行。根据记载，从那一时代起市民们就竞相追逐华美，“金银锦绣、风流美丽”（《中右记》），不出其右。自中世起，开始举行名为“山鉾”的大型花车巡游，为了装饰花车，会用到大量的染织品。虽然在应仁之乱及之后的30年中曾经有过中断，但在恢复举办后，便以乌丸大街以西的四条大街为中心的商业区的人们为核心，声势比以往更为浩大。那时正处于战国时代，势力强大的武将们一一登场并相继进入京城。另外，葡萄牙人漂流至种子岛，方济各·沙勿略经海路到达日本，大航海时代的大幕拉开，马可·波罗来到了他称之为黄金之国日本国的东方小岛国家。经由堺港、长崎、博多等港口来日的人们中，中国自不必说，由波斯、印度甚至欧洲人带至日本的物产数不胜数，对于织田信长、丰臣秀吉时代的掌权者们，积蓄起财富的京城中的商人们，以及祇园祭的参与者们，形成了极大的刺激。

自发组织而成的山鉾町[1]，竞相为象征着自己的山鉾购买此前从未见过的由欧洲各国传入的绒缎以及描绘异国风情的壁毯。巨大的山鉾上挂着的装饰熠熠生辉，带着异国风情，丰富的色彩与山鉾相映生趣。

此外，天正二年（1574年），织田信长命狩野永德绘制好后赠送给上杉谦信的《洛中洛外图屏风》中，描绘了以长刀鉾为首，月鉾、船鉾等紧随其后的山鉾巡游的场景，细致地描绘了大量装饰于山鉾上的中国、印度、波斯的绒缎等。

注释：

[1] 山鉾町，京都各地区负责保管山鉾的区民。

祇园祭与鲜明的红色

在桃山时代过渡至江户时代的1600年前后，祇园祭中用于装饰山鉾的、远跨重洋来到日本的染织品中，有很多在历经三四百年的时间之后，至今仍在使用。以我想到的一件为例，首先，是长刀鉾与南观音山中流传下来的，产自波斯帝国萨非王朝的“波洛内兹绒缎”。它是在伊朗的伊斯法罕织成的，现在褪色较为严重，不过，用红花染出的红色，以及黄色、绿色、缥色等丰富的色彩染成的丝绸，依旧散发着耀眼的光泽。“波洛内兹”意为向波兰出口的物品，不知是如何被运输至日本的。

月鉾上装饰的，是在当时逐渐由西方传入的伊朗文化的影响下成立的莫卧儿帝国的拉合尔市织成的、有着圆形勋章与花叶纹样的正红色绒缎，其红色是使用紫胶虫染色的。这件织物保存得十分完好，现在仍旧保留着美丽的颜色。

南观音山流传下来的在印度染制的木棉印花布有三种，其中一种上面附有贞享元年（1684年）的铭文，从中可知这件织物是由此鉾所在地区的袋屋庄兵卫赠送的。

函谷鉾上装饰的是中国的游牧民族织成的有着牡丹、老虎、梅花纹样的羊毛绒缎，此类绒缎在其他的鉾所在的地区还有20多件。

北观音山的装饰物是中国明朝的缀织织物，上面有百名中国童子的图样，用红花染出的红色现在褪色十分严重。近代，在中国西藏的寺庙中也发现了同类织物，收藏于北观音山中，上面的红色保存完好，甚至令人炫目，可以想象这些织物在先前的时代里色彩是多么艳丽。

鲤山上的装饰物，是来自比利时布鲁塞尔的织锦，上面的主题是特洛伊战争，以缀织的技术织出了诗人荷马写作的《伊利亚特》中的一幅场景。

以上仅是几件代表性的织物，现在留存下来的来自国外的织物大约有两百几十件，考虑到江户时代天明年间很多山鉾在大火中被毁坏，可想而知在那之前外国制造的装饰品的数量之多。

各个地区抱着强烈的与其他地区相竞争的心理，竞相为自己的山鉾购买那些来自国外的、带有强烈的异国风情的染织品，并且这些巨大的山鉾在巡游中，也需要通过大胆且鲜明的色彩，来吸引更多观众的眼球。

举办祇园祭的新町大街、室町大街的商人之中，有很多专门从事染织业的和服店。大多数在过去是被称为大店的大型和服店，其中，规模逐渐扩大后慢慢演变为现在的百货商店或大型商社的也为数不少。

及至现在，这里仍然是和服商人云集之地，在西侧距离此处一两条街的西洞院大街以及堀川大街，是接受和服商人的委托、从事染色加工的一家家工坊。这里也是祇园祭中一个山鉾所在的区域。从事染织业的商人们、染制和服的工匠们，在到了江户时代之后，这些前所未见的颜色鲜艳的绒缎、壁毯置于眼前，每个人都无法不受刺激。可以想象，在夏天里的炎炎烈日下，巨大的花车在巡游时如同山体摇动一般，其鲜明、强烈的色彩，尤其是其中的红色，一定在人们的眼中留下了深刻的印象。

第6章 江户时代的流行色

胭脂绵，浸透了使用紫胶虫制成的染料，自中国进口至日本

御朱印船[1]与富商

自室町时代末期至桃山时代、江户时代初期，战国武将们对于制作光彩夺目、奢华绚烂的服饰的欲望高涨不下。因此，紫草根、红花、蓼蓝、苏芳等用于染色的原材料的买卖自然十分兴隆，同时染色所用的布、丝，即丝绸的质地也变得极为重要。

由中国传去的养蚕技术早在古代时就已经在日本扎下根来，不过，就质量而言，产自中国的蚕丝仍旧被认为质量更高且更加珍贵。15世纪中期，奈良兴福寺大乘院住持寻尊在《大乘院寺社杂事记》中记载，“中国商船中利润最高的无过于生丝”，可见，产自中国的生丝属于珍稀之物，作为进口物品，地位重要且具有商业价值。这一现象一直持续到桃山至江户时代。

在与中国明朝的贸易往来以及欧洲商船的通航等的刺激之下，由日本去往国外的大名及商人也逐渐增多，丰臣秀吉向他们颁发了代表着官方许可的朱印状，德川家康时期也继承了这一“御朱印船”制度。进入江户时代之后，贸易规模进一步扩大，进口生丝的数量不断增长。德川家康制定了“丝割符制度[2]”，将垄断进口生丝的权力赋予特定的商人，作为回报，这些商人需向幕府财政提供支援。获得这

注释：

[1] 御朱印船，指持有幕府将军颁发的“异国渡海朱印状”，被许可前往安南、暹罗、吕宋、柬埔寨等东南亚国家进行贸易活动的船只。

[2] 丝割符制度，是日本江户幕府为防止日本白银超量流出而限制生丝进口的贸易法，始于1604年。

一特权的，有长崎的末次、船本、荒木、丝屋，京都的茶屋、角仓、后藤，堺港的伊予等。其中，京都茶屋、后藤、角仓这三家与德川幕府的关系更为密切，值得关注。

茶屋家原本出身于京都，之后居住于京城中，据说与足利义辉也有深交。由于茶屋家属于法华宗，为躲避压迫他们来到了三河。成为政商之后，他们冠上了“茶屋四郎次郎家”的名号。第一代的清延出生于三河，似乎是在那里与德川家康有了接触，成为三河的御用红人，并且十分活跃。之后，为了将生意规模继续扩大，他们重新回到了京都。这位茶屋清延，据说曾经服侍过丰臣秀吉与德川家康。从茶屋家在三河时期的活动来看，他们获得丝割符的特权可以说也是理所当然的。此后，在江户幕府260年的时间里，茶屋家长时间地担任着德川家顾问的角色。而后藤庄三郎，则是德川家康的亲信，统管金银币的铸造、生金数量的统计管理，在政治、财政方面十分活跃。此外，后藤庄三郎对于外国的情况也了如指掌。当时，京都商人田中胜介希望去往被称为“浓昆须般国”的墨西哥，后藤庄三郎向德川家康斡旋，帮助其获得了许可。此事在《骏府记》［庆长十六年（1611年）］中有所记载。

去年，京中人士田中胜介，经后藤庄三郎请求，从其愿渡海，今夏归朝，带回各色毛呢绒及葡萄酒，其中有一紫纱，历经海路八九千里，云云。

田中胜介归国时，带回了多种类的各色毛呢绒，即毛织物，以及葡萄酒。他将紫色毛呢绒赠予德川家康，德川家康将其做成羽织用于鹰猎时的装束。这件毛呢绒应该是使用墨西哥产的胭脂虫染色的。

胭脂虫的红色传入日本

哥伦布到达美洲大陆后，西班牙人随后大批来到这里，他们逐渐征服了原住民，将当地的白银及其他特产运回西班牙。其中之一，就是用作染色材料的胭脂虫。在那之前，虽然以西班牙为首的地中海沿岸各国使用的是红蚧虫，但由于胭脂虫寄生于仙人掌上，便于大量采集，并且制色效果较好，因此他们带回去了大量的胭脂虫。胭脂虫主要用来为羊毛毛呢绒染色，并且被日本商船不远万里运回了日本。

战国武将们被这些日本人此前很少见到的纤薄的羊毛织物，特别是红色的艳丽的毛呢绒，即名为天鹅绒的染织品所吸引，将其制成阵羽织，竞相用作战场上崭新的、引人注目的饰物。

如同前面提到的，上杉谦信或小早川秀秋穿过的，使用西班牙产的艳丽的猩猩绯色的毛呢绒制成的富有异国风情的阵羽织，流传到了现在。不过，从前面引用过的《骏府记》的记载来看，德川家康也穿过在胭脂虫的原产地西班牙染制的毛呢绒。而“紫纱”，我认为是使用胭脂虫染制的带有蓝色的红色，由于看上去像是紫色，因此而得名。中南美洲产的胭脂虫染料，从东方，或从西方经由西班牙来到了日本。

此外还有角仓家，他们将京都嵯峨的大堰川（桂川）、高濑川等的河流开掘、修整至能够通航的状态，由此而广为人知，也成了德川幕府的政商，在御朱印船贸易中十分活跃，角仓船运回的文物也会呈献给将军。

江户时代初期，通过欧洲商船、御朱印船等的海外贸易，将名为红丝、绯纱的世界各地的各种艳丽的红色织物，之前难以见到的珍贵的织物，以及各种各样的色彩，全部带回了日本。

暹罗花布与新染色技艺的诞生

现在的泰国，是古时的大城王朝与缅甸结束了长时间的战乱之后以暹罗为名独立建国的。当时海外贸易兴盛，大城国内聚集了葡萄牙、荷兰、英国、中国、日本等多个国家的群体，十分繁荣。日本的御朱印船也来到了这里，山田长政在这里十分活跃，形成了日本人聚集区。

印度科罗曼德海岸的特产，也就是所谓的暹罗花布被运至这里。其纹样受到了逐渐传入暹罗王国

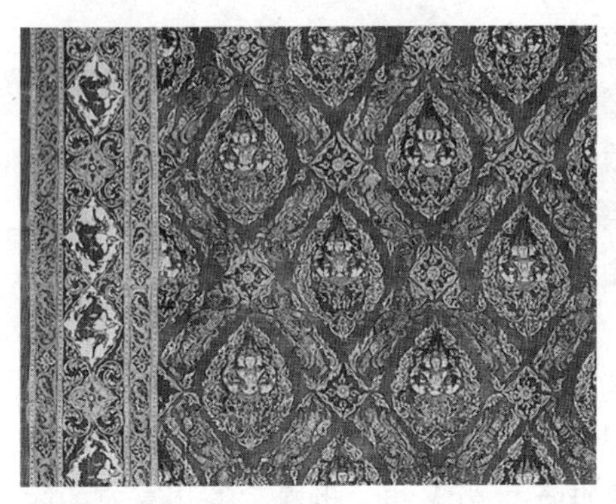
暹罗花布

的小乘佛教的影响，大多是以此类寺院中的佛像图案为中心，再在周围用极细的线条勾勒出花草或狮子等象征性的动物图案，十分精致。使用印度产的茜草，为在印度染制的木棉布染色，染出的色彩艳丽的红色花布，吸引了全世界人们的眼球。到了大航海时代，这种花布输出至世界各地，而输出至暹罗的，则极为纤柔，制作工艺更为烦琐。

这种十分华美的木棉布，就是暹罗花布。

在宽永年间（1624—1643年）著成的、日本锁国前的贸易记录《异国渡海航路所载货物》等中，能够看到暹罗花布运往日本的记录。

元和七年（1621年），暹罗国王颂昙的使者访问江户城，将国王的礼物赠送给了德川秀忠。据记载，其中包括“长剑、短剑、强、木棉十反”。也许是由于身为和服商人的茶屋四郎次郎十分热衷于东南亚贸易，因此专供暹罗的印度花布也大量地被运到了日本，京都的和服商人们以及崛川鳞次栉比的染坊对于暹罗花布十分熟悉。这些艳丽的色彩必定令人们耳目一新，加工出的染织品也给人们带来了很大的视觉冲击。正保二年（1645年）出版发行的有关俳谐写作法的书刊《毛吹草》中，能看到京都名产“暹罗染”的记载。可见，在京都，模仿暹罗花布的染织品已经开始生产了。

不过，暹罗染并没有留存至今，因此无法断定到底是什么样的织物。我认为，暹罗花布的细腻流畅的线条对之后的友禅染产生了极大的影响，因此暹罗染应该是比友禅染更早一些的织物，可看作初期友禅染。

商人们的新风潮

自德川家康在江户设立幕府，历经了50年时间，将军已经传位至第四代的德川家纲。幕藩体制终于开始确立起来，而桃山时代绚烂的余热却逐渐开始冷却。金矿、银矿的储藏量持续减少，幕府的财政开始出现危机。

另外，在地方上，农业的振兴使生产力得到大幅提高，原先自给自足的生活出现变化，各地都开发出了富有本地风土人情的特产，售卖至江户、京城、大坂等城市或者其他的地方，流通经济逐渐兴盛起来。

让我们看一下与染织相关的行业。养蚕业在那之前主要以关西至中国地区为主，此时逐渐向北方扩张，到达了信州、关东地区。在三河、河内、濑户内、九州等气候温暖的地区，人们栽培木棉，纺织成蒲团棉与丝，织成木棉布。此外，奈良、近江、能登、越后等地也根据自己的地域特征竞相产麻。

伴随着产业的兴盛，交通逐渐发达，提前备好货款采购此类货品的批发商制度也诞生了，经济界也吹来了新风，过去那些利用将军、大名的特权获利的传统商人们因“大名贷[1]”的出现而逐渐没落，相反，新兴商人们乘着新风潮逐渐活跃起来的时代来临了。他们在自由的市场竞争中，绞尽脑汁地经营业务，逐渐积累起财富、蓄积了实力。手中掌握财富后，他们的欲望就是游乐、权力与名誉。然而，“士农工商”的阶层划分壁垒森严，因此只能将心思全部寄托在游乐上，并且，他们与传统商人的价值观也并不相同，喜欢追求新事物也是理所当然的事情。

宽文小袖与禁止奢靡令

在这样的时代洪流中，人们的风俗必然会发生变化。富裕阶层在严格遵守幕府禁令的同时，也想出了各种办法来显示自己的富有。理所当然地，人们逐渐变得更加注重自己的装饰装扮。

在染织世界，首先是在和服的款式方面，其次

注释：

[1] 大名贷，指江户时期大高利贷者向手头拮据的大名借出金银。

是在图案的表达与技法方面，出现了变化的征兆。在这一背景下，宽文年间（1661—1672年）前后出现了宽文小袖。

桃山时代的庆长小袖（后述）奢华绚烂，在整件和服的每一处都有纹样装饰，全面使用绞染、刺绣、摺箔的技法。与之相比，宽文小袖则以背面右肩为重点，留有余白的同时采用流线型的纹样。但是大量采用了工艺烦琐复杂的小鹿绞染工艺，并且加以金线刺绣，这就是宽文小袖的特征。

这一时期，和服店的顾客数量不断增加，和服商不得不加以应对。给顾客观看和服纹样图案的同时，相互商讨出彼此都满意的方案，因此出现了木版本的印刷物，被称为“雏形本”。这是一本收集了由樱花、红叶、菊花等各种花草、景物构成的纹样的样本帖。此类图案内容的出版，是由于新兴市民大量出现，为应对此需要，和服批发商相继出现，主要以京都的崛川四条为中心，染色业者们生意极为繁忙、兴盛，也是行业发展带来的波及效果。

但是，对于市民身穿华美服饰、夸耀财富的行为，幕府抱着担忧的心态，常常发出禁令。天和二年（1682年）起持续三年的时间里，连续不断地针对服饰发出了告示。其中，当年正月的禁令是：

金纱、缝、惣小鹿，右品，今后女性之衣类予以禁止……

即，金纱、豪华刺绣、惣绞染等，今后禁止用于女性服饰中。并且，禁止生产一切珍稀织物及染织物。禁止销售或购买两百目以上的高价小袖。此外，同年三月，产自国外的以毛呢为主的织物等进口物品也被禁止。

在这份禁止令发出的大约十年之前，伊势松坂出身的三井高利，以从兄长那里转让来的和服店为基础，在江户日本桥本町一丁目开设了店铺，开始经营一般的零售业务。他在京都室町设立采买店，将在京都制作的和服及腰带运至江户销售。这种商业模式摆脱了大名贷等艰难的、传统的商业模式，“现金结算、明码标价”的交易方式得以贯彻，一天之内的营业额能够达到50两，成为日本首屈一指的商人。以江户为首的逐渐富裕起来的市民阶层，对于武士及官员阶层的奢华生活抱有憧憬，希望像他们一样打扮得优雅华丽，三井正是充分地了解了这种心理萌芽后才开店的。

在这种情形下，制作开发出既不违背幕府针对奢华绚烂的禁令，又能满足富裕市民的虚荣心，既优美又无意间透露着华丽气息的服饰，成为元禄时代前后和服制售者们的使命，诞生了尾形光琳的雁金屋之类的和服制售者和富商，接受将军或官员定制的和服业逐渐衰退，而一定程度上价格更低，能够批量生产的和服的出现，成为时代的潮流。

包裹在谜团中的茶屋染

进入江户时代，这些新的染色技法相继出现，而有关日本色彩的发展，则不得不提的是“茶屋染”。

茶屋染也被称为茶屋辻，在江户时代前期的《御雏形》中也有记载，据说是德川家康御用的富商和富商茶屋四郎次郎家染出的颜色，是在奈良麻或越后上布之类的高品质的、细密的苎麻布上染出深蓝色或浅蓝色后制成的夏天穿的单衣。

首先用米糊将底色涂好。之后再将纹样部分在蓝色染液中浸染显色。米糊精确地覆盖了很大的面积，将纹样的周边掩盖了起来。并且，由于要将布放在蓝瓮中浸染，蓝色染液会浸透到布的里侧，因此，要在布的两面都涂上米糊，防止染液浸透。从染坊的角度来看，这是一项工序极为烦琐的工作。茶屋染是一种仅允许德川御三家中的女性穿着的高级的夏季单衣。而流传至今的茶屋染织物是十分稀少的，其技法也成了一个谜。

在我看来，初期的茶屋染是在蓝色染液中浸染而成的，布的表面与里侧的颜色完全相同，原本是十分澄澈透亮的颜色。不过，即便在初创期，也使用了由蓝瓮泡沫精制而成的蓝蜡，用于描绘细细的线条等。

但是，到了江户时代中期末至后期，那时的茶屋染已经完全摒弃了蓝色染液浸染的方法，大多是仅仅使用蓝蜡手工描绘着色的。

友禅染的诞生

宫崎友禅斋原本是在扇面上作画的平民画师。或许是为了稍微提高一下产量，他想到了利用一种染色技术，即使用米糊防染法勾勒扇面图案的轮廓。友禅斋的副业可能是为染织品绘制底样，与室町新町的和服商及四条崛川的染色业者们应该也有交流。他了解染色技术中的米糊防染法，也充分地见识过当时从国外进口的、十分吸引人们目光的暹罗花布上色彩艳丽的、用红色或白色细线条描绘出的纹样的细腻之美。因此他做了新的尝试。举例而言，在描绘花鸟纹样时，使用青花（露草[1]汁液）描绘底样的轮廓线，再将米糊蘸在牙刷尖端或放入筒中印在这些线条上，线条周围的空白处使用各种颜料或染料着色，表现出华丽的图案纹样（青花遇水时容易掉色）。涂色的素材是日本画中使用的材料，红色为胭脂、朱砂、铁锈红，黄色为雌黄，蓝色为群青、蓝蜡等，充分地利用了画家之前的研究成果。在一件和服上面自由地使用了华丽的色彩，加上新颖的构图，激起了城里人们的爱美之心。贞

注释：

[1] 露草，鸭跖草。

享四年（1687年）印制发行的雏形本《源氏雏形》中记载，“友禅染不仅用在扇面上，也风靡在小袖上”。

宫崎友禅斋发明的这一名为“友禅染”的染色技术，促进了染色工艺的分工，是使和服得以实现量产化的一大革新。

友禅染与胭脂绵

从友禅染初期、元禄时代（1688—1703年）染制的衣物来看，带有蓝色的红色十分醒目。那是从之前日本染织业中较少使用的紫胶虫中提取出的染料。这一染料虽然在奈良时代也有使用，但进入近世之后，才开始大量地从中国输入，其艳丽的红色开始频繁地使用在日本画及染色工艺中。紫胶虫中含有红色染料，并且含有大量的树脂成分。将紫胶虫煮沸后，红色素会溶解在溶液中。采集于印度、不丹、缅甸一带，正如前面所述，正仓院中以“紫鉱”为名也有记载。中国是从明朝开始进口这种树脂，将其中的红色素浓缩浸透在胭脂绵中进行保存。用绵吸收、保存色素的方法，从古代时制作红花的色泥开始就已经在使用了，由本书第32页记载的中国故事而得名“胭脂绵”。不过，从中国明朝时印制发行的《天工开物》等的记载看来，自中世之后，从紫胶虫等中提取的染料也使用同样的名称，变得有些不易分辨了。

青花

总之，自中世起至近世，这种含有胭脂虫色素的胭脂绵颜料，由中国出口至日本，首先运用到了日本画中，之后用在了友禅染的染色工艺中。

这种胭脂绵现在已经完全不生产了。据说过去在中国苏州是十分盛行的。我的工坊里还有一些古老的胭脂绵，在复原江户时代的友禅染时使用（参照本章扉页）。浸透在木棉中的浓浓的色素很容易就能够溶化在水中，涂在绢布上时就形成了带有蓝色的红色。将颜料或染料涂在布上着色的方法，原本就比浸透染色方法的着色效果较弱，因此要提前将大豆榨出汁液涂抹在绢布上。特别是在用胭脂绵颜料涂色后，涂上明矾，经媒染后染料能够充分地浸透。

江户紫、京紫

江户紫与京紫的色名应该是经常听到的吧。《助六由缘江户樱》，是歌舞伎十八番中人气很高的一个剧目。其中，侠客助六头上系着的紫色头巾，是与桔梗花相似的带有蓝色的紫色，由此可见江户紫是一种带有蓝色的紫色。就像一句川柳[1]中所

注释：

[1] 川柳，日本的诙谐短诗。

写到的，“紫色与男人仅限江户”，江户紫是一种含有男子气概的、威风凛凛的颜色。

相反，京紫则被确定为是一种含有红色的紫色。然而还有一种说法与此完全相反，认为京紫是从古代的紫色系中衍生出来的、类似于成熟的茄子一般的带有蓝色的紫色。其论据是江户时代的有职故实研究家伊势贞丈所著的《安斋随笔》中的记载，即“今世的京紫色，是正统的紫色，江户紫如同杜若花的颜色一般，是葡萄染”。其中将江户紫解读为像杜若花一样的含有红色的紫色。不过，关于“江户紫”一词的最早记载，出自大阪河内郡一座名为江户屋的专门染制紫色的染坊中的记载。

与江户紫及京紫有关的论点众说纷纭，不过，自江户时代后期起，从后面将要提到的豪农杉田仙藏的活跃，以及从武藏野至五日市的广袤土地上大量种植紫草、江户川周边的紫染作坊鳞次栉比等的现象来看，我认为在这一时期“江户紫”一词已经确实存在了。

在我的工坊里也十分频繁地染制紫色，在从紫草根中提取出的紫色染液及椿木灰水中交替浸染，使颜色加深。而要染出带有蓝色或红色的紫色，只需调整染色中使用的醋或灰水即可。要染制带有红色的紫色，则在紫色染液中加入少量的醋。而要染制带有蓝色的紫色，则在灰水即碱性溶液中浸泡。因此，在椿木灰溶液中结束染色时，染出的颜色就会带有较为明显的蓝色。

紫染的流行

在讨论江户时代的色彩时，人们更多地提到茶色与黑色之类色调朴素、质地纯粹的颜色，但并不意味着那时的人们对于紫色及红色的渴望消退了。高贵的紫色仍然是人们憧憬的目标，紫染作坊都在竞相展示着自家的技艺。

在探究江户时代的流行风潮时，伴随着印刷技术的发展而兴盛起来的出版文化是不可忽视的。庆安四年（1651年）出版的记载制作方法及种植方法的《闻书秘传抄》中记载了各种染色方法。其中包括紫色、红色等需要高超技艺的染色方法。在“正紫色的染色方法”一篇中，记载了利用紫草根及椿木灰水经媒染后染色的传统技法，同时，在“仿紫色的染色方法”中记载了利用苏芳染色的技法，不过我对于这种方法的染色效果抱有怀疑，但由此可以看出那时对于紫色的需求。

元禄三年（1690年）出版发行的《人伦训蒙图汇》第六卷“紫师”中记载，“此为紫染之一种，其中上京、中川屋之名气较高，茜草为山科名物，另江户紫之染坊，位于油小路、四条之下”。此外，元禄五年（1692年）的招牌板上写着“油小路之下诸紫染中　江户屋”，由此可见那一时期京都的染坊中有多家紫染作坊，其中一家店名为“江户屋”，或许正是“江户紫”一词的来源。那时，紫染作坊并不仅限于京都，在大坂的天神桥附近也有多家染坊，江户应该也有。在云禄三年版《增补江户惣鹿子名所大全》中记载“紫染屋，位于本町二丁目芝增上寺片门前，其外还有多处，此处最多”，可以说，紫染是十分兴盛的。

宝永年间（1704—1710年），京都智积院一位名为円光的僧人，在武藏国多磨郡松庵所川（现在的杉并区松庵）遇到了富农杉田仙藏。有一次两人在城中观光时，遇到很多穿着紫染衣物的男女，杉田仙藏感慨于这些衣物优美的色彩，知道了城中正在流行紫色。之后，他听说这些衣物是在京都染制的，认为在江户也能成功，便计划开设紫染作坊。他购地、借款，一番辛苦之后工坊终于建成，却因为产品变色速度很快而被退货。

当时，在奥州南部藩，山野中有很多野生的紫草，品质优良，因此按照南部藩特产屋奖励政策，成了当地的名产。除了紫草根之外，也大力发展紫染产业，产品被称为南部紫，向全国销售。杉田仙藏闻此，亲自去往南部，终于研究出了紫草的栽培方法及染色技术。然而，他的工厂在竣工后召开庆祝宴会的当夜就被烧毁了。円光悲痛万分，将杉田仙藏的后事托付给他的三儿子，并告知他，终于在江户完成了紫染。

在山野间野生的紫草名为山根，品质优良。另外从奈良时代开始已经能够栽培紫草了。武藏野地区自古以来就是紫草产地，在江户时代栽培了大量的紫草。华冈青洲发明的著名的烧伤药“紫云膏”中就含有紫草根，因此紫草根也能够作为药用。

德川吉宗与茜染的复活

除了紫色以外，鲜艳的红色也有着强烈的人气。像后述的庆长小袖一样艳丽的红花染自不必说，元禄时期的友禅染也采用了日本画中的花鸟纹样，再使用胭脂绵描上鲜艳的带着蓝色的红色。元禄时期之后的小袖、振袖[1]也大量地使用红花染色。

另外，在日本植物染色史中，茜染是最为古老的技术，但到了中世末期之后，由于染色困难，逐渐衰退了。

不过，有人由于担忧茜染的衰退而反复进行了试验研究。《农业全书》一书中记载，元禄九年（1696年），一个名叫宫崎安贞的人，将他在40多年间自行尝试进行的农业研究结果总结为长达10卷的文字，其中第六卷第六节中有茜草根的内容，记载了茜染的技法。

第八代将军德川吉宗由于果断推行享保改革而为人所知，是幕府中兴的始祖，他致力于产殖业的振兴。《德川实纪》中记载，德川吉宗的改革措施中包

注释：

[1] 振袖，是和服的一种，意为长袖和服，根据袖子长度分为大振袖、中振袖和小振袖。

括，在江户城内的吹上御殿中设立染殿，要在布或皮革上再现传统的染色技法。过去，茜染大量地运用在武具盔甲之上。德川吉宗知道后十分感慨，命令染匠无论如何要让茜染技法重生。多次尝试后仍然未能成功，于是参考了贝原好古所著的《农业全书》（此处是《德川实纪》的错误记载，应为前述宫崎安贞所著）。由于此书中记载了茜草的染色法，参考之后完美地再现了茜染，据说“永寿丸号”船舶的旗帜使用了茜染技艺染色后，几乎没有褪色。

或许是由于德川吉宗是一位胸有大志，希望恢复幕府往日荣光的将军，因此他希望将盔甲这一武将的象征恢复为昔日传统的样式，以及由正宗的茜染染出鲜艳的绯色。

吉宗在享保十二年（1727年）特意将本书第4章中提到的收藏于御岳神社的“赤丝威铠”运至江户城，以作参考。由此事能够看出他对于茜染所抱有的强烈的执着。

此后，“赤丝威铠”在被运至江户城后经历了将近180年的时间，到了明治三十年（1897年），由于破损严重，因此进行了修复。那时，英国、德国于1850年发明的化学染料开始大量地进口至日本，日本传统的植物染色技术不断衰退。当然，德川吉宗一直希望复兴的日本茜染技法等也已经消亡了。修复“赤丝威铠”时使用的是从德国进口的、当时最为先进的化学染料。

然而，在那之后经过一百多年的时间，到了现在怎么样了呢？平安时代用茜草染色的、未经修复的丝，虽然有稍许褪色，但现在仍旧呈现着茜色，而用化学染料修复的丝，则出现了强烈的褪色，变成了脏旧不堪的桃色。用天然染料染色的丝即便出现褪色，仍旧保留着独有的美。然而化学染料一旦褪色或变色，就出现了不忍直视的现象。

追求猩猩绯的德川家齐

武将们被欧洲商船运回的大红色毛织物或毛毡所倾倒，在阵羽织等的装束中穿着它们。到了江户时代，这种来自西方的红色被称为猩猩绯，十分珍贵，仍旧被用在武士的阵羽织及灭火装束等中，可以说被视为一种位高权重的象征，被用在高档服饰中。但是，由于这些衣料是由荷兰商船运来的高价商品，因此曾被政府几次下令禁止穿着。宽政十二年（1800年），第十一代将军德川家齐发出命令，在日本实地养羊，制作毛织物，并用介壳虫中的胭脂虫染成大红色。长崎町官员高岛作兵卫接此命令后，拜访了出岛的荷兰商馆，请求对方派遣“十二名精通于胭脂虫的制备方法及猩猩绯等其他织物染色技术的技师”。如同前面提到的，胭脂虫是西班牙人在新大陆上发现的一种寄生于仙人掌上面的介壳虫染料。胭脂虫遇到明矾中的铝成分时，会显现出鲜艳的红色，不过实际上荷兰在1656年就发现了通过锡溶液使胭脂虫显色时会呈现出红紫色。可以说，当时的荷兰站在了胭脂虫染色技术的最先端。

杨梅

因此，在按照日本的请求派遣了技术人员后，日本在国内即可生产这种染料，这对荷兰产品的出口业造成了影响。在日本向荷兰提出有关羊毛制造技术的请求后，荷兰只是将几本记载有这一技术的字典及药品交给日本后就没有下文了。同时，日本之后还从中国招徕了掌握羊毛制造技术的人员，在长崎浦上尝试养羊并尝试用苏芳代替胭脂虫制作毛毯，不过都以失败告终。

由此可见，即便是在茶色与黑色成为流行色的江户时代中期至后期，身份尊贵的将军等人仍旧迷恋于鲜艳的颜色，可以说，无论时代如何变迁，人们对于鲜丽色彩的追求是不会改变的。

庆长小袖与黑色的流行

从这一节开始，我想讲述一下在江户时代茶色与黑色的流行。

在庆长年间（1596—1614年），虽然桃山文化的遗风仍旧留存着，但从染色技法来看，庆长小袖这种拥有着前所未有的、崭新的色彩组合的服饰登场了。这成了元和至宽永（1615—1643年）、宽文

（1661—1672年）年间向新服饰演变的一个契机。

庆长小袖的特点，首先在于质地。桃山时代的辻花染大多是在生绢、熟绢等的平绢材质上绞染着色，而庆长小袖则更多地使用有着小幅纹样的绫，并且通过不同的绞染方式展现出大胆的纹样。相对于浓重的红花染，黑色占据了更大的面积。另外，采用小鹿绞染，通过小点的组合构成纹样的技法也随处可见，刺绣及摺箔贴金技术相比于桃山时代也更加精致。

在单领和服中，我认为采用黑色与红色的对比色的激烈碰撞十分具有冲击力，不过黑色的部分更加引人注目。在那之前黑色染色技术就已经存在了。平安时代的贵族在服丧时要穿着深灰色衣物，并且在一段时期内黑色曾经被规定为第四品级以上的高贵之色。到了近世，辻花染中也只是在很少的部分使用墨色描线等，而在庆长小袖之类华丽的服饰上面，大面积地使用黑色作为艳丽的红色的配色，在其他服饰上是看不到的。

庆长年间到访平户的英国商人寄回本国的书函集《庆元英国书函》中记载，“蓝、黑色是卖得最好的颜色。黑色毛呢也有需求。此外猩猩绯不像以前一样能够大量购得，焰色、威尼斯红、海水绿等的颜色也是物以稀为贵”［庆长十九年（1614年）］。从此类记载来看，进入江户时代之后，除了之前的猩猩绯等的颜色，黑色也开始受到青睐，可以说，人们对于颜色的喜好，或者说流行的颜色，开始展现出了变化的端倪。

茶染、黑染的全盛

终于，江户一跃而成了比京都、大坂等规模更大的大城市。据说在元禄时代江户人口接近70万，城中百姓及下级武士的喜好，充分地反映在了江户时代之后的文化潮流之中。

在前面的“江户紫”一篇中提到的《闻书秘传抄》中记载了“茶色的染色”及“黑茶色的染色”等色调较暗的颜色的染色技法，由此可见这种色系的颜色的需求量有所增长。其中记载的“青色绿绛”，也称“绿矾”，是一种硫酸盐铁矿物，用在黑色的染色工艺中，是一种铁质媒染物质。在书中“茶色的染色”一篇中，记载了使用涩木及杨梅树的树皮染色，用绿矾做媒染剂染出的“江户茶”“海松茶”等的颜色。

在“黑茶”一篇中，记载了颜料墨用作染色的使用方法。将“油烟墨”通过大豆汁，即用大豆榨出的汁液引染，而在此之前先染出了较深一些的浅葱色的底色，因此这一方法是先蓝染后黑染，即所谓的蓝下黑的技法。先染出蓝色或红色，再用墨染黑色，能够染出富有韵味的、色调丰富的颜色。这与江户时代已经存在的青钝、紫钝的技法相近似。

在15年之后的宽文六年（1666年），出版了

《绀屋茶染口传书》。其中记载有“铁浆煎法”，即将铁与醋同煮，使铁锈溶于液体中的方法。由此可见在茶黑色的显色中，这种铁溶液用作媒染剂所起的作用是多么重要。

京都的土壤中含铁较少，地下水中也不含铁质，因此适合红色、紫色、黄色等明亮、澄澈的颜色的染色。相反，需要用铁质作为媒染剂的鼠色、黑色、茶色等的染色中，则需要花费更多的心血。需要用到前面提到的绿矾，或者利用木醋、腐米与醋等制得铁溶液后用作媒染剂，与含有单宁酸的染料共同用于染色。这一方法也用于化妆之中。黑齿作为成人或结婚后女性的标志，是在涂抹五倍子之类的茶色染料后，再涂抹上前述的铁浆液，染成黑色。因此这种铁浆也被称为齿黑铁。

吉冈 · 宪法黑

《绀屋茶染口传书》第二十三篇“宪法吉冈乃家之口传”记载，使用“皮”，即杨梅树的树皮染为深色之后再利用铁浆显色为黑色的技法。

室町时代末期，京都有一兵法流派名为吉冈流，其宗主以宪法为名，作为室町幕府足利义满将军的兵法顾问而名声大振。他有三个儿子，三兄弟曾与剑豪宫本武藏有过多次会面。在关原之战以前，他追随丰臣家，在德川一方当权后在大坂冬之阵中吉冈一门仍旧追随丰臣一方。之后他们抛弃兵法，在京都崛川河附近的四条西洞院，以门下李三官流传下来的黑染法为中心，开始专门从事染色行业。

因此，吉冈家擅长的黑染被称为“宪法黑”或“宪法茶”。

关于其染色方法，有一种说法是使用槟榔子（槟榔树的果实）在铁溶液中显色的方法，提前染为蓝色再染黑色的方法也被称为蓝下黑。据说他们擅长的纹样是型染的小鲛纹，但真实性无法考证。吉冈染曾经达到了非常兴盛的程度，从吉冈家分立出来的染色业经营者在京都为数众多，“吉冈”之名曾经成了染坊的代名词。

元禄九年（1696年），为传授京都染匠秘技而出版发行的《当世染物鉴》序言中写道：“几年来染坊技术十分发达，染色爱好者也逐渐增多。有各种茶色染。墨竹色，可染出各种相近色。然而不知远方各国是否知道并使用此类染色方法。”记载了此处提到的“茶色”“墨竹色”“槟榔子染”“宪法染”等将近50种茶黑色系的颜色的染色技法。这些记载暗示着，黑茶色系真正地开始流行起来了。

茶色与黑色的染法、当世茶与梅染

在这一时期，记载了染色技法与色名的书籍比以前增多了许多。在此虽然我无法一一列举，但可以选取几本作为参考，进行探究一下如“四十八茶百鼠”所言，在江户时代中期至幕府末期茶色与黑色是如何受到推崇，而针对其色调的些微差别，染坊是如何费心研究的。不过，此类书籍中“秘传”的因素较为明显，实际上很多并不是染匠自己写的，大部分属于“闻书”，因此不可尽信，甚至对于有些技法业界是无法认同的。

宽政九年（1797年），绀屋清三郎手写了一本《染屋秘传》。其中记载了将近一百种染色技法，大多与茶色及黑色有关。其中有一例就是“当世茶”，应该是当时十分流行的一种颜色。

首先用杨梅树的树皮染色1~2次，应该会呈现出黄色。接着在梅树中加入少量石灰，染出带有红色的茶色。书中写道，“在青茅中加入黑色”，因此在使用铁浆使青茅显色时，会呈现出轻微的绿色。接着再用明矾与石灰定色。这带有红色的茶色，且重叠着轻微的绿色，就是“当世茶”。

由此类染色技法的记载能够了解到江户时代中期之后染制茶色与黑色时所使用的材料。使用得最多的是杨梅，其树皮是优良的黄色、褐色染料，而根据这一时代的文献记载，杨梅多用于通过铁质染制黑色，似乎很少用于染制暗黄色。

青茅是第1章中提到的禾本科植物，其染出的颜色是日本的代表性的黄色。

另外，据文献记载，名为“梅染”的颜色，是将梅树的树干细细捣碎后煮沸，用此染液染色后经媒染显色的颜色，根据媒染剂的不同呈现出多种色调。自古以来，梅染似乎都是北陆加贺地区的名产。《安斋随笔》的作者伊势贞丈在《贞丈杂记》写到，“有梅染、赤梅、黑梅三种。用梅树以大量柿涩液染色则为梅染色，少量则为赤梅，反复染色则为黑梅”，这段记载如实地表达出了茶色系染料在不同的显色材料，即媒染剂的作用下呈现出各自不同的颜色。“梅屋涩”，指的是将梅树的树干细细捣碎后煮沸，并加入树皮中富含大量单宁酸的赤杨木煮几个小时后得到的溶液。梅染色指的是使用明矾显色的颜色，赤梅色指的是使用石灰或木灰，或蒿灰显色的颜色，黑梅色指的是使用铁质显色的颜色，这就是所谓的加贺名产“梅染”。

生长在印度至东南亚的热带、亚热带地区的槟榔树，是椰子树的好朋友，高度可达10~20米。其圆形或椭圆形的果实称为槟榔子，干燥后可用作染料。在日本的气候条件下无法成活，从古时的奈良时代起就已经从国外进口，在正仓院中作为药物、香料留传至今。用煮槟榔子的溶液染色后使用含铁溶液显色，会呈现出黑色，是一种极为文雅的颜色。不过，是否是从奈良时代起就用于染色，是无法确定的。但在《太平记》第九卷中记载，“在长绢御衣内穿有槟榔色单衣……”，可见自南北朝时代起槟榔子已经被用来染色了。

槟榔子作为一种高级染料，在江户时代已大量进口，用于染色时，提前染成红色或蓝色后再经铁质溶液显色，呈现出的颜色被称为“红下槟榔树”“蓝下槟榔树”，用于黑色条纹的染色中，是一种较深的流行色。

使用五倍子，即漆树科盐肤木上的树瘤染出的黑色被称为“空五倍子”。由于能够膨胀至五倍大，因此被称为五倍子，别名木附子。树瘤是树在被虫子咬伤时，为防止细菌侵入而在被咬伤的部分聚集单宁酸形成防御，而生成的一个袋子。寄生在里面的幼虫到了十月前后，会在树瘤上钻个洞飞出来，因此在这之前采集树瘤的话，里面含有大量的单宁酸，可以用作染料。“空五倍子”，就是因为里面是空的而得名的。

前面也提到了，槟榔树作为进口商品，价格高昂，用槟榔子染色时很多染坊会加入五倍子，或用五倍子代替槟榔子。可见，从古至今，赝品都是存在的。

歌舞伎演员与流行色

江户时代的歌舞伎拥有极高的人气。《甲子夜话》中甚至有如下记载，“从平民到大名、武士的夫人们，均模仿歌舞伎的演员们”，颜色的名称中也出现了很多用歌舞伎演员的名字命名的情况。这些颜色都不在禁令之列，其中有些颜色后来成了流行色。

其中最具代表性的应该是团十郎茶色。初代市川团十郎以来的传统剧目《暂》的服饰中，所穿的中间有白色三栟纹样的柿色素衣，这种颜色被称为团十郎茶，十分受欢迎。从“柿色”这一名称来看大概会理解成柿子成熟后带有红色的一种颜色，而在浮世绘画家鸟居清倍绘制的《初代团十郎之暂》中，能够看到这是一种用柿涩液染制的带有红色的茶色，更接近于柿涩染。

宝历六年（1756年），第二代濑川菊之丞的袭名者是一位风雅的旦角演员，他有一个笔名称作“路考”。由于他喜爱发带、梳子等的装饰物，市面上甚至出现了“路考梳”。《守贞谩稿》中记载道：“江户流行伊予染、路考茶，至天保年间，京坂流行芝翫茶，江户流行路考茶、梅幸茶”，可见流行了很长一段时间。根据绀屋仁3次的手记，路考茶的染色方法，是先用蓝色染料染成淡淡的浅葱色，再在煮得很浓的青茅染液里再度染色，接着，使用铁成分媒染剂显色为深绿色。重复这一过程，最后用明矾定色。

所谓芝翫茶，来源于第三代目中村歌右卫门的笔名“芝翫”。作为颜色名称，在嘉永年间出版的《染色指南》中有记载，“用青茅染色三遍，用枣染色一遍”。由于没有记载是使用铁成分还是明矾作为媒染剂，因此很难推断具体是什么样的颜色，不过，使用青茅染成黄色后放入红茶色的枣染液中，应该是一种带有淡淡黄色的茶色。这本书实际上记载于天明年间（1781—1788年），与芝翫活跃的年代相符合。

利休鼠是怎样的一种颜色

“鼠”这种浅墨色是如何染制出来的呢？让我们通过“利休鼠”这一十分知名的颜色来进行探究。提到利休鼠，会让人想起北原白秋的诗歌《岛城的雨》，对于其颜色的印象，一般而言是类似于茶道中的抹茶一般带有淡淡绿色的鼠色。

村井康彦在《茶文化史》中记载，桃山时代的茶道达人、奈良春日大社的社主久利权大夫利世在他的随笔中写道：“利休被丰臣秀吉奉为茶道师傅之后，世人独爱‘利休茶’，且利休不喜奢华，穿着墨染的淡鼠色衣物去参加茶会，举止朴素，而东道主想要表达出招待的热情，为免席间清冷，唱起了诙谐和歌。”

利休所穿的类似于出家僧衣的墨染衣物，无论在精神上，还是显露在外的肉体上，都与“侘茶”十分相符。这就是利休鼠这一颜色名称的来由。

不过，在江户时代出版的染色技法书中，有一个地方提到了利休鼠，是将练墨[1]与黑色染液各一半混合后印在布上形成的颜色。也就是说，从此处记载的墨的引染方法来看，利休鼠是一种不带有绿色

注释：

[1] 练墨，比普通墨汁颜色更淡一些的固体墨。

的、单纯的鼠色。

桃花

由此可见，进入江户时代之后，随着城里的人们逐渐成为经济的主力，在衣物及装饰方面开始展现出超越身份的举动，每次政府发出禁止奢侈令时，民众反而会出现逆反行为，同时他们十分乐于为茶色系及黑色系的微妙色调赋予有趣的名称。这些颜色的染色技法，基本上使用的都是前面提到的槟榔子或五倍子等的茶色素，即使用富含大量柿涩液、单宁酸的染料。想要染制黑色系，则使用铁成分的媒染剂；想要染制灰色系，则使用石灰作为媒染剂；想要染制焦茶色系，则使用只含有少量铁质的媒染剂。之后，再用明矾定色。

此外，女性会在衬里上使用色泽艳丽的红绸，男性会在羽织的衬里上加上图样，在外表看不出来的地方使用华丽的颜色或图案，自己实现了所谓的“金玉在内”，体现了平民百姓的思想和反抗心理。

地方染织业的发展

进入江户时代，幕藩体制终于稳定下来，地方上的各个藩内大力发展农业，根据各自地域的风土、气候，生产出各自的特产，卖往其他地区，财政逐渐稳定了下来。其中最重要的一个因素，是东海道、中山道等五大区域的整饬一新，使人与人之间的往来更加频繁，同时，南海路及日本海西侧航路等的通航，使商船能够运送大量的货物。

此处仅将与染料相关之物做简单的列举，在那一时期，从北方阿伊努人的服饰，到南方冲绳群岛的纤维、布、染料，以及与之相关的技术、信息等，都以一种此前无法比拟的速度开始了交流。

山形县最上川的红花

到了近世，红花的栽培技术从武藏国或上总、下总地区流传至出羽最上地区，在从春天至初夏期间易生朝雾的风土气候之下，这里成了品质高、产量大的红花产地。到了元禄时代，据说这里的红花产量竟占全国总产量的一半之多。这里出产的红花，与此处的特产庄内米一起，通过最上川下游的酒田港由货船运往敦贺，或渡过琵琶湖运往京都。最上川的红花是丝绸及纸的染色材料，另外也大量运用在化妆用的口红之中。

黄八丈

从东京都出发向南290千米、漂浮在太平洋中的八丈岛，由于流传着古时镇西八郎为朝[1]的传说，而得名“八郎岛”，此处作为黄八丈、鸢八丈等织物的

注释：

[1] 镇西八郎为朝，日本平安时代末期的武将，本名源为朝，通称镇西八郎。

产地而广为人知。进入江户时代后，这些织物受到了大名及官宦家族女性的青睐，后来在喜爱精美织物的江户市民中也流行了起来。

如同它的名称一般，黄八丈的特点首先是黄色。岛上随处可见的高度为30厘米左右的野生禾本科荩草，就是其黄色的来源。

黄八丈的绸缎中有时候也会加入茶色系，也就是接近于桦色的丝，这种颜色是用此地的小檗树的树皮染色的。染料的沉淀物经过焚烧后可用于显色，即媒染剂。

鸢八丈是一种黑色与茶色构成的格子纹样的织物，其中的黑色是使用椎树的树皮煮制后染色的。仅使用这种方法的话，只能染出深茶色系的颜色，因此，可以将布匹放到岛上含有铁成分的池沼里，一开始时只是灰色，随着时间的增加逐渐演变为黑色。

虽然黄八丈、鸢八丈的产量与过去相比少了许多，但仍旧有工匠愿意坚持传统，这些织物也受到了和服爱好者的喜爱。

冲绳

从地理位置上看，冲绳是日本列岛中有着独具特色的染织文化的一个地方。从中世起，冲绳就向中国明朝纳贡，贸易往来也十分活跃，并且派船去往泰国、马六甲、印度尼西亚、菲律宾等东南亚各国，贸易活动十分频繁。

因此，冲绳很早就有了苏芳等产自南部地区的染料，也从中国明朝直接海运过来用在“红型染”中染制红色的胭脂绵。

蓝色染料则使用在亚热带地区常见的爵床科琉球蓝，采用沉淀法的技法制备蓝色染料，在冲绳本岛使用，并输送至宫古岛、石垣岛等地。福木有时被用作防风林，而用福木树皮染制的黄色，也是冲绳岛的一个特点。用于染色的纤维包括丝绸、麻布、木棉，以及近世后从南部地区传来的名为芭蕉布的芭蕉纤维，在这些布料上染制出的澄澈、明亮的色彩，充分地展现出了冲绳的风土人情。

阿波德岛之蓝

直至中世，日本的蓝色染料，即蓼科的蓼蓝，主要是在播磨国[1]及京都九条的水田种植的。之后的桃山时代，蜂须贺家政成为阿波德岛的藩主之后，开始在被称为乱流川、年年泛滥的吉野川流域种植耐水的蓼蓝。蓼科的蓼蓝是无法连作的，如果每年在同一片土壤上种植同一种作物，即连作的话，就容易发生病虫害。而吉野川的上游水流湍急，不断地将新的砂土冲刷到下游地势较低的一带，使土壤能够自动更新，成为十分优良的蓼蓝种植地。并

注释：

[1] 播磨国，日本古代令制国之一，领域大约相当于现在的兵库县南部。

且，这里的土壤能够为在近海捕获的沙丁鱼的生长繁殖提供很好的养料，因此取得了很好的效果。

同时，西日本地区开始种植木棉，在三河、河内、伊予、丰后、筑紫等气候温暖的地区，作为殖产振兴作物，木棉的种植得到了强有力的政策扶植。如同前面提到的，木棉作为一种植物纤维，使用植物染料中的红色或紫色等较为鲜艳的染料染色时是很难着色的，但蓼蓝在木棉上的着色效果是很好的。因此，提到木棉，通常就会默认使用蓼蓝染色。在种植蓼蓝的各个村子里，人们开设了染坊。用于染色的蓼蓝，大多是经由濑户内航路，从阿波德岛运来的。之后，以久留米絣为代表的木棉絣布，流传到了伊予、备后、出云、广濑等的广大地区。条纹及格子花纹不需要太复杂的技术，因此不管是哪一地区的农村，到了冬天的农闲时节，普遍都在制作此类布料。此外，各地的染坊在型染工艺中开始使用米糊作为防染剂。其中，也出现了类似于产自出云的筒描包袱布等很有特点的产品。

日本蓝与化学染料的登场

江户时代的农民及平民的衣料、被褥、坐垫等，可以说绝大部分的颜色都是蓝色晕繝染。明治初期来到日本的欧美人看到日本人的服装后，为这种颜色起名为“日本蓝”（Japan・Blue），十分赞赏。

其中的一位英国化学家阿特金森，作为东京开成学校的教师来到日本，在开成学校改为东京大学后担任了理学部教授的重要职务。他在题为“蓝之说”的演讲中讲到，“在日本，蓼蓝被用作染料，其使用量极为庞大。……在全国任何一个地方，人们都穿着蓝色的衣服。” 拉夫卡迪奥·赫恩的文学作品中也提到，“日本的空气中整体带有内心中的蓝色，异常地澄澈”“蓝色的房顶下面是小小的房子，挂着蓝色帘子的店铺也是小小的，穿着蓝色和服笑着的人们也是小小的”。

明治开国使欧美人能够像这样自由地往来于日本，而他们也为日本带来了新的、具有强烈冲击性的波澜。从染色及色彩的角度来看，化学染料的输入，就是其中一个大的波澜。明治二十年（1887年），一种名为“西洋红粉”的红色合成染料，以及名为“纯粹的印度蓝（indigo pure）”的蓝色合成染料，相继进入了日本。

无论是京都崛川两岸鳞次栉比的染坊，还是农村的染色作坊，从植物中提取色素染色的自然染色工艺都难以逃脱渐渐消亡的命运。与此同时，山形红花、阿波蓝的生产也日渐衰退。日本人历经一千几百多年由植物染料染出的传统色彩，转眼间变成了化学染料染出的颜色。

后记

这份书稿是在十一月中旬晚秋时节写成的。我在位于京都南部的染色工坊的前院里，每天早上都会升起白烟。那是染色工坊里的染色师福田传士在早上8点一过就会将稻秸放入窑中开始燃烧。这样日复一日的工作，是为了储备进入冬天后进行的红花染中不可或缺的草灰。

近些年来，在田地里很少能看到割稻、晒稻的情景了。新型的收割机能够在收割的同时脱壳，并将稻秸细细粉碎后直接播撒在田地里。因此，收购稻秸也变得越来越困难。在染坊附近，还有几户农家在按照传统的方法收割稻子，因此拜托了他们，将染坊一冬天要使用的稻秸量分给了我们。一天燃烧的量是40捆，从十一月起持续至来年三月，使用量是非常庞大的。

不仅是草灰。紫草的染色中不可缺少的椿木灰，也需要不断地采集椿树枝燃烧成木灰后备用。另外，蓝染中需要使用的栎木、樫木等硬质木灰，是从土佐[1]地区熏制鲣节[2]的地方拜托当地的人们运来的。

要想通过植物染色染出澄净、美丽的颜色，除

注释：

[1] 土佐，高知县的旧称。
[2] 鲣节，一种十分干燥、质地较硬的熏鱼。

了染料之外，这些辅助材料也是十分重要的。

染色的纤维可以说也是必不可少的。想要再现日本的传统色彩，丝绸和麻布是非常重要的。然而众所周知的是，日本国内的丝绸生产宛如风中残烛。过去分布在全国范围内的养蚕农户，现在只有群马、长野、爱媛县等地有少量留存。不仅是产量，质量也下降了很多。并且，在养蚕的过程中基本上采用人工饲料喂养。我怀疑这样养蚕制丝织出的丝绸能不能称得上是真正的丝绸。

麻布是将植物的皮剥下后，将内皮细细捣碎后连接在一起而制成的丝。从专业的角度而言这一过程称为“绩丝”，从事这一工作的人也已经为数不多了，并且都年事已高，仅剩新潟、福岛以及冲绳宫古岛的数十人而已，而且必须使用麻布。

而至于木棉的手工纺织技术，可以说最近已经消失了，最多也只有印度还存在着手工纺织风格的织物而已。

关于染料，在当今时代也只有在中国、韩国、日本以及印度能够获取用于植物染色的材料，我想原因是由于在这些地方中草药的使用较为频繁。在近代化的过程中，欧美地区彻底地转向了化学医药，而东方地区的转化过程较为缓慢，因此中草药的需求量还是很高。

即便如此，由于紫草等的种植难度较高，中国的野生紫草的产量也在逐年下降。

由于热爱手工纺织的丝或布，而执着于从植物中提取色素用于染色的话，在当今社会开展这一工作是十分困难的。更难的是，对过去的染色工匠们发明的各种染色工艺怀着尊崇的心情将其继承下去，这在实际中要面临更多的困难。我在继承家族工坊后，对这一点深有体会。

但我没有放弃。在与我共同致力于古法染色的福田传士，以及为我们的工作提供了帮助的各位人士的努力之下，平成十二年（2000年），记录有古代色名及两百多种标本颜色的《日本颜色辞典》（紫红社，2000年）出版了，再现日本传统色彩的尝试终于取得了些许的进步。

从20世纪末起，有越来越多的人开始向着回归自然的目标努力。

例如，大槻顺三先生为了恢复即将消失的紫草的种植，向全国范围内有意向的人配发种子并亲自指导栽培技术。还有大分县竹田市及周边的人们，发起了复活奈良时代的“紫草园”的活动。

要让如今居住在地球上的人全部穿上采用大自然馈赠的植物染色的衣物，是不可能的。但是，因为19世纪化学染料的发明以及为人们带来光明的电的发明，就忘记了几千年，甚至几万年前，人们从自然界中得到色素后通过染色或涂色想要使衣物变得更加多彩、美丽而付出的努力与发明的技术，并且，相应的“色”“彩”也应该牢牢地被记在脑海中。

作为出生在京都的染坊中并继承了家族染坊的我，绝不能让日本的传统色彩消失不见。即便只是渺小的努力，我也希望在重温过去的同时，能够孕育出新的传统。

最后，我想在此对关注我的工作并促成本书出版的岩波书店新书编辑部的早坂望先生[1]致以衷心的谢意。并且，衷心感谢为我文章中的措辞提供指导的槙野修先生。

平成十四年十一月　于京都南部工坊

注释：

[1] 译注，仅根据原文无法判断性别，此处也可能是早坂望女士。